幸福女人
给自己的
11个礼物

宁晓馨◎编著

修订版
REVISED EDITION

中国华侨出版社

图书在版编目(CIP)数据

幸福女人给自己的 11 个礼物 / 宁晓馨编著.—北京：
中国华侨出版社,2011.9(2015.7 重印)

ISBN 978-7-5113-1665-3-01

Ⅰ.①幸… Ⅱ.①宁… Ⅲ.①女性-成功心理-通俗
读物 Ⅳ.①B848.4-49

中国版本图书馆 CIP 数据核字(2011)第 166307 号

幸福女人给自己的 11 个礼物

编　著 / 宁晓馨

责任编辑 / 严晓慧

责任校对 / 孙　丽

经　销 / 新华书店

开　本 / 787×1092 毫米　1/16 开　印张/17　字数/241 千字

印　刷 / 北京建泰印刷有限公司

版　次 / 2011 年 10 月第 1 版　2015 年 7 月第 2 次印刷

书　号 / ISBN 978-7-5113-1665-3-01

定　价 / 30.80 元

中国华侨出版社　北京市朝阳区静安里 26 号通成达大厦 3 层　邮编:100028

法律顾问:陈鹰律师事务所

编辑部:(010)64443056　　64443979

发行部:(010)64443051　　传真:(010)64439708

网址:www.oveaschin.com

E-mail:oveaschin@sina.com

前　言

　　身为女人，就注定了具有某些男人无可比拟的资本和优势。任何事业成功的女性，都完全发挥了她的优势。"女人没有优势"只是失意或失败女人的借口，她们把种种不如意归咎于宿命，最终只能向人生妥协。

　　女人的优势并不仅仅指传统观念中的漂亮、风情，也包括来自于女性强大的内在潜能和人格魅力，如卓尔不凡的气质、温柔善良的性格、聪明过人的头脑、丰富的人脉关系、风格独特的说话艺术……

　　女人一生中最大的遗憾就是没有去发现、发挥和利用自己的这些生存优势，最终与精彩的人生擦肩而过。

　　事实上，女人，当你认真地面对真实的自我，不难发现这些优势其实就在你身上，当你重新评估自我时，你会找到属于自己的与众不同之处。

　　在这个女性崛起的时代，女人如何利用自己的优势去成功，是每个女性越来越迫切去寻求的答案。其实，答案就在女性的身边，那就是一直以来就隐藏在女人身上的优势。

我们每个人生命中都蕴藏着巨大的精神财富,这就是潜能。潜能的动力蕴藏在我们的深层意识当中,也就是我们的潜意识之中,是人类原本具备现在却忘了使用的巨大能量。在适当的时候,采用适当的方式,这种能量就会发挥出无穷的力量,创造出惊人的奇迹。

女人应该有这种突破自身限制的能力,不要为一时的得失而困惑,发掘自己身上的潜能并充分发挥,演绎自己精彩的人生。

本书将关于女人的十一大优势向您娓娓道来,希望能让女性读者重新审视自己,发现自己以注不曾发现或是不够重视的潜能优势,助你踏上人生的成功之路,为你的人生增光添彩。

目录

第 1 个礼物　容貌，
女人幸福的形象优势

　　随着年龄的增长，容貌在不断改变，有些女人感叹容颜衰老。其实，一个阶段一种味道，女人的容貌就是女人的味道，因为它一直在变，所以女人就成了捉摸不透的动物。

　　俗话说"女大十八变，越变越好看"，我想把它改为"女人十八变，越变越有味"，更能说明女人的魅力所在！

第 2 个礼物　温柔，
女人幸福的性格优势

　　造物主创造女人最大的成功，不是赋予她们天生丽质的外表，而是一份女性特有的温柔。对于女性来说，这种温柔，是一种智慧，是一种境界，是女性独具的气质，是女性似水柔情的展现。

　　作为女人，你可以不漂亮，可以不再年轻，但必须要拥有如水的温柔。因为温柔能使你魅力四射，温柔能使你拥有成功的事业，更重要的是，温柔可以让你享受到人生所有的幸福，更成为爱人一生的女神。

第 3 个礼物　气质,
女人幸福的修心优势

有句名言说:女人不是因美丽而可爱,而是因可爱而美丽。女人的最大优势就在于气质,它是征服男人、征服世界的独特武器。女人再漂亮,如果没有气质,就如一朵枯萎的鲜花,只见色彩,却闻不到花香;相反,没有姣好容颜的女人,一旦有气质支撑,便立刻神采飞扬,乃至明眸善睐、风韵动人。

因此,不管你是天才还是凡人,也不管你是公主还是平民,不管你是少女还是老妪,不管你是健康人还是残疾人,只要你不甘落后,只要你有气质,成功就会牵动你的心。

第 4 个礼物　性情,
女人幸福的情感优势

女人的可爱在于性情,不完全取决于智商,不完全取决于美丽。这种性情,来自女人端庄的长相、丰富的内涵、恰当的装扮、充分的自信和健康的心态。

不管是仪态绰约,抑或是风情万种,性情女人都超然洒脱、从容随意。性情意味着自信,自信才能彰显从容。

第 5 个礼物　智慧,
女人幸福的头脑优势

女人不管美丽与否,一生中都要开动自己的智慧聪明才智,用灵动的头脑去办事情,在人生中搏彩。

若女人应用智慧这法宝,无论你的美是来自天生还是后天,你都会是世界上成功者中的一名。

每个女人都可以成为一个有智慧的女人,每个女人都有自己潜在的智慧,你应该做的事情就是挖掘你的智慧。

第 6 个礼物 自立,
女人幸福的生活优势

自立,会让女人在 16 岁的花季里,背上行囊走向陌生的天地;自立,会让女人在营造自己的小窝时,不依赖外援,靠自己的力量荡起家庭的小舟;自立,会让女人扬起自己的风帆,背负着重重的责任,艰难地攀登在事业的峰峦。自立,让女人一次次面对逆境而不退缩,一次次面对打击而不气馁。自立,给予了女人一份不趋炎附势的清高;自立,会让女人迎接一个又一个的挑战而信心百倍。自立的女人会活出一个实实在在、值得回味、值得骄傲的人生。

第 7 个礼物　宽容，
女人幸福的胸怀优势

宽容是一种修养，是一种品质，更是一种美德。宽容不是胆小无能，而是一种海纳百川的大度。

宽容是女人的一种智能，懂得宽容的女人，是生活的智者。她因为目光远大，所以心胸开阔，善明事理，勇于开拓。她追求的是不变的将来，永恒的春天，竟争的人生。

第 8 个礼物　灵动，
女人幸福的处世优势

把家庭和感情生活当成全部的女人是不完美的，女人只有拥有正常的社交生活，才可以凸显更加完整的自己，才可以时常给身边的人一种新鲜感。同时，结交一些够分量的朋友，对女性自身的发展也是一种绝佳的助力。

第 9 个礼物　口才，
女人幸福的社交优势

好口才是事业上披荆斩棘的利剑，是生活上彰显魅力的资本。好口才使女人成为时代的宠儿：在社交场上八面玲珑、光芒四射；在职场中游刃有余，挥洒自如；在情场上应对自如、巧占先机；在家庭生活中温良贤惠、其乐融融。

好口才能够使女人心想事成，从而让她在人生旅途中处处顺心；好口才能够使女人在危急关头化险为夷，从而让她在社交中事事如意，在商战中左右逢源……

第 10 个礼物　自信，
女人幸福的心态优势

自信的女人热爱生活、热爱事业、沉稳干练、思维敏捷、内心丰富、高贵典雅、沉着大方、个性充满无限魅力，她们的脸上永远透着自信的光芒。自信的女人活得最精彩！如果没有自信，就算外表浪美，也失去了她应有的动人心魄的一面，就此黯淡起来。

所以，自信对于女人是浪重要的一种品性。如果你想做个幸福女人，那么，请扬起你自信的头颅吧，让自信的激笑时常挂在你的嘴角。相信无论何时何地，你都会成为最幸福的女人！

幸福女人给自己的 11 个礼物

第11个礼物　执著，
女人幸福的毅力优势

不要说山穷水复疑无路，心中有梦，执著追求梦想的人，定能看到柳暗花明又一村。

执著追求信念，是一个人走向成功的保证，也是一个人走出人生低谷与沼泽的保证。一个没有信念的人，就像一个在黑夜行走的人，手中没有手电筒和火把，摸不清东西南北、高坎低沟，是一定要跌跌和摔倒的。信念如同夜行人的手电筒和火把，可以照亮前行的路，找到回家的方向。

第 1 个礼物

容 貌

女人幸福的形象优势

随着年龄的增长,容貌在不断改变,有些女人感叹容颜衰老。其实,一个阶段一种味道,女人的容貌就是女人的味道,因为它一直在变,所以女人就成了捉摸不透的动物。

俗话说"女大十八变,越变越好看",我想把它改为"女人十八变,越变越有味",更能说明女人的魅力所在!

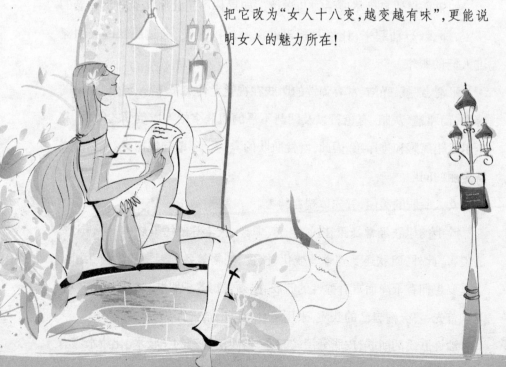

靓丽的肌肤是女人的身份证

平滑、细腻、光洁、富有弹性的肌肤在视觉上传递了美好、温良、愉悦的感觉，可见，女性肌肤的养护已不单是挽留青春、保持光鲜美丽的问题。

靓丽的肌肤作为女人的身份证，总在不经意间流露出她的气质、个性和素养。

如果你想让自己尽展活力与激情，如果你不想让肌肤泄露出苍老的秘密，那么，行动起来，让岁月积累的深厚的内在美，通过肌肤的美丽流进人们的眼帘。

平滑、细腻、光洁、富有弹性的肌肤在视觉上传递了美好、温良、愉悦的感觉，而粗糙、灰暗、有色斑以及凹凸不平的肌肤多给人以负面的印象，甚至引发距离感和排斥感。因此，女性肌肤的养护已不单是挽留青春、保持光鲜美丽的问题。

女人肌肤的美丽，首先体现在脸上。

脸上的肌肤经常暴露在风、空气、烟雾、灰尘等的污染之中，受到阳光的侵害，此外，肌肤还受到季节变化、饮食、药物等各种因素的影响。因此，女人要想拥有干净而富有弹性的肌肤，必须懂得养护肌肤。

首先，要分清自己的肤质，采用适合自己的洁面保养方法。

油性肤质的肌肤，皮脂分泌较旺盛，需要清爽型的化妆水。化妆水应有保湿的作用，但是，擦完化妆水后记得要抹上清爽乳液。若有收敛水，记得在最后一个步骤再擦,这样有助于毛孔收缩。若有控油的产品,则可免掉收敛水,直接擦上化妆水与乳液即可。

干性肌肤适合用保湿滋润型的保养品,并切实做好基础步骤中的乳液及精华液的保养。如果你的肌肤不但缺水,而且缺油,就必须使用含油的乳液作保养。在干燥的冬天里,最好养成敷脸的习惯来加强保湿。

夏天只需要注意乳液、精华液的补充即可。另外,眼睛部位容易干燥,别忘了用眼霜给予呵护。

中性肌肤的保养相当简单,只要切实做好基础步骤即可。平时,稍加留意,将柔肤水改为收敛水,轻拍于脸部,收敛毛孔即可。此类肤质本身的保湿能力没有问题,若过度使用高效保湿营养品,反而容易造成相反效果,使肌肤的保湿能力降低。总之,只要按照基本步骤,确实做好保养工作,想拥有健康无瑕的肌肤并非难事。

混合性肌肤同时拥有油性与干性两种肤质。此类肤质的保养不如其他肤质容易保养。必须特别注意脸上的两个部位,一个是 T 字部位,一个是脸颊部位。所以,必须适当对 T 字部位控油,而脸颊部位则必须着重保湿。

其次,要注意季节的变化对皮肤的伤害。

春季皮肤的状况最不稳定,这是因为季节更替,皮肤要适应寒冬转为暖春的变化所致。紫外线强烈的日子,突然换上短袖衣服,较易产生红肿和发痒等病症(紫外线皮肤炎)。

夏季,汗水和皮脂分泌旺盛,虽然汗水能帮助排热,但汗液同时也是细菌滋生的温床,所以夏天应勤于沐浴。另外,夏日强烈的紫外线照射,也是首先要防范的。

秋天干燥,预防雀斑和皱纹显得尤为重要。

冬天,进出室内的冷暖空气是使皮肤干燥的主要原因,所以最好在沐浴后擦上美容霜之类的保养品,以防止皮肤水分的蒸发。在步入暖气间时,也要注意湿度的调节。

此外，要健康饮食。饮食营养要全面，特别要注意增加饮食中维生素的含量，少食刺激性的食物，更不能为了节食而完全排斥长脂肪类的食物。

同时，还要保持健康的心理状态，并减少药物的刺激。良好的心理状态有助于内分泌平衡，而药物则是肌肤的大敌，尤其是安眠药，会使体内产生过多酸性。激素失衡，会让脸上长出雀斑。

适量运动也是拥有美丽肌肤的良方。瑜伽、跑步、芭蕾形体、跆拳道、低氧体操、有氧拉丁、水中健身以及各种塑形健身等运动，都成为现代女性保持美丽肌肤的方式和法宝。

其实，生命里每一个春夏秋冬都是展示美丽的季节，只要你了解四季的气候和自身的因素，顺应季节保养呵护，就能在每一天都展现出最迷人的风采。

呵护肌肤是女人一生的功课，只要保养得当，任何年龄段都可绽放你的美丽。

用化妆来发掘女人美的潜能

脸，是上帝赐予女人的最珍贵的礼物。对女人而言，这样的礼物，需要用一生去爱惜，需要用一生去呵护。化个美丽的妆，呵护你的容颜，展示你的娇美，是你一生的责任。

脸，是上帝赐予女人的最珍贵的礼物：白皙晶莹的面孔，精致姣好的五官，美目一开一闭，红唇一张一合，都在传递着来自心灵的信息。

对女人而言，这样的礼物，需要用一生去爱惜，需要用一生去呵护。化一个美丽的妆，呵护你的容颜，展示你的娇美，是你一生的责任。

说到化妆，有的人以为一些表象的功夫，不值得太卖力，无须多在意。事实真是这样吗？其实不然，任何表象中都蕴藏着深刻而丰富的内涵。

一位有名的化妆师说：

"化妆的最高境界可以用两个字形容，就是'自然'，最高明的化妆术，是经过非常考究的化妆，让人看起来好像没有化过妆一样，并且化出来的妆与主人的身份匹配，能自然表现那个人的个性与气质。

"次级的化妆是把人凸显出来，让她醒目，引起众人的注意。

"拙劣的化妆是一站出来别人就发现她化了很浓的妆，而这层妆是为了掩盖自己的缺点或年龄的。

"最坏的一种化妆，是化过妆以后扭曲了自己的个性，又失去了五官的协调，例如小眼睛的人竟化了浓眉，大脸蛋的人竟化了白脸，阔嘴的人竟化了红唇……"

爱化妆的女人，懂得追求生活的美；会化妆的女人，懂得把握艺术的美。无论如何，女人是离不开美的，在这个世界上，到处都充满了美，在这个现实中，又到处都缺乏美。因此，女人不仅是美的追求者，还应该是美的创造者、表现者。

女人的美丽不单是出自经过修饰的眼睛和细心保养的皮肤，还是出自整体的妆容效果。眼睛和皮肤的美丽常常是一目了然的，而好的妆容则是女人用智慧和修养精雕细刻出来的。

通常好的妆容所表达的美，是可以超越本体的。那份与身体的和谐，那份洋溢于周身的风采和神韵，那份内心世界精彩的描述和渴求，是需要用心去表现的。相反，不良的妆容会损坏女性的美感——视觉的美感、品位的美感和素养的美感。

幸福女人给自己的 11 个礼物

因此说，爱化妆，是一个自信女人积极生活的需要；会化妆，是一个自信女人智慧人生的体现。不合时宜的浓妆艳抹，会给人一种档次、品位不高的感觉。

在什么场合下化什么样的妆，是大有学问的。如果是参加舞会、晚会、婚礼，或者其他什么庆典活动，浓妆艳抹一些，就让人觉得喜庆、隆重、欢快，不化妆的女人在这时倒有些不合时宜。而在个别交际场合，却不宜这样浓妆艳抹，大红大紫。首先，不合时宜的浓妆人为地拉开了交际双方的距离，使对方觉得这位女性是戏里的角色，可望而不可即，无形中她的盛妆成了一层厚厚的"障壁"，成了交际的障碍。其次，不分场合的浓妆艳抹，往往给人一种缺少自信的感觉，想借盛妆来突出自己，强化别人对自己的注意。

其实，有些女人常常过高估计漂亮脸蛋在别人心目中的作用。一般而言，除了漂亮之外一无所有的女人，不会使人真正喜欢的。生活中一般化的女子比比皆是，她们常常比漂亮女人更受人喜欢，就是因为她们拥有除漂亮以外的许多宝贵的东西。所以，聪明女人的打扮往往淡而不露痕迹，正如好的文章那样"不著一字，尽得风流"。

注重衣着，不等于浓妆艳抹。在什么场合穿什么样的衣服，化什么样的妆，是大有学问的。

法国曾经有一位总统叫戈达，以机智出名。当时，有一位英国女士问他："法国女人真的比其他国家的女人更迷人？"

戈达总统毫不犹豫地说："当然，因为巴黎的女人20岁时，美如玫瑰；30岁时，像情歌一样迷人；而40岁时，就更完美了。"

英国女士又问："那么40岁以后呢？"

戈达总统微笑着说："女士，一个巴黎女人，不论她多少岁，看起来都不会超过40岁。"

每个女人都有美的潜能，发掘这种潜能的方式便是化妆。化妆可以突出你的优点,掩饰你的缺点,像魔术师一样创造美丽动人的形象。只是要注意浓妆淡抹应相宜,这样才能助你在社交活动中取得成功,拥有一个靓丽多彩的人生。

清新飘逸的秀发让女人更有韵味

清新飘逸的秀发是女人的又一张脸,要做一个仪态万方的成功女人,就先做一个清新飘逸、轻舞飞扬的韵味女人吧。

清新飘逸的秀发是女人的又一张脸,从中可以反映出女人的种种细节,拥有健康美丽的秀发是女人保持青春活力的魔杖。

那么,我们该怎么做才能让秀发飘逸飞扬,为自己增添魅力分值呢?

选对适合的洗发露,是进入美发之门的第一步。

一种好的洗发露应具备这样的特质:能适度地把头发洗干净,也能有许多泡沫,还可以保障头发在清洗过程中不会因受到摩擦而被破坏。洗完不仅有舒适感,还有柔顺感以及自然光泽。使用中,不会使眼睛感到痛或者使头发受伤。

洗发就如同护肤一般,必须从最基本的清洁工作做起,完整的清洁工作才能除去阻碍吸收养分的物质,后续的滋养方法才能有效。

洗发前先将头发完全梳顺,有助于防止清洗时头发打结或断落。将凝胶涂抹于头发上,稍加按摩后停留10分钟。这样能深层清洁头皮,去除头皮屑,抑制细菌、微生物的过度繁殖。将头发由头皮至发尾用温水完全浸湿,取适量洗发露倒于手心,不要直接倒在头皮上。

在洗发露中加入适量水后搓揉成泡沫状,再分成头皮和头发两部分清洗。

手指腹在头皮上来回按摩,促进头皮的血液循环,清除老化角质与油污,然后用温水将头发充分清洗干净。

将护发素涂抹在发尾处,以增加头发的弹性和保护膜。用温水仔细冲洗头发,因为冲洗不干净对发质的伤害很大。再用干毛巾轻轻按压发丝,千万不要粗鲁地用力摩擦脆弱易断的发丝。

润丝、护发不能省。润丝精、护发素这两种产品的功效是迥然不同的。润丝精着重保护,避免整烫吹风等对头发的伤害,可天天使用,亦可着重于发尾的部分加强使用。护发素有重新修护的功能,修补受损发质,隔离紫外线的入侵,一周一次即可,由头皮至发梢,揉进头发各部位,再用清水冲洗干净。洗净后,可用宽齿梳从头梳至发尾,并用毛巾包裹头部,让护发素的保湿成分得以完全发挥。

季节变化、空气污染、烫发染发等化学物质损害,过度吹发等物理伤害,挑食偏食等造成的营养不良,都会使头发变得干枯、开叉且易折断。这时,简单的洗发和润发就无法从深层修护改变发质。而定期使用焗油产品可以弥补头发的营养不足,它丰富的营养能深入头发内层,给你的秀发强力保湿和营养,使头发具有活性和弹性。所以,头发深层护理的关键是焗油。

定期的焗油是头发生长、保养和修护所必需的。最好能够每周做一次。家用焗油产品简单易用,最适合日常使用。在每次使用洗发水和护发素后,把焗油发膜类的产品直接抹在头发和发梢上,特别是发根部位,保持3~5分钟,然后彻底冲洗干净即可。

当然,在今天这个讲究整体造型的时代,我们肯定不能忽略发型设计。选择适合自己个性的发型可以让你饱享美感,心情也与秀发一起飘逸。

发型对于女性的意义就在于告诉世人：女人就是女人，是来自于自然的天生尤物，谁也无法取代。

职业女性的身份与矜持，不容你在办公室里过于抢眼，细想一下，一成不变的日子真的是你的生活吗？也许，只要一点点的变化，就是另一番心情了。鬈发不但能改变发线弯度，使脸部线条更加柔和，而且变化多端，使女性忽而妩媚，忽而狂野。这就是鬈发的魅力。

头发的整洁与否直接影响着一个人的形象，因此对头发的保养和对肌肤的呵护同样重要。想想看，女人如果有一头不太健康的头发，再靓丽的肌肤和时髦的妆容也会黯然失色。正因为头发与面容一样，成为别人对我们印象的第一落眼点，所以才值得我们女人为这千丝万缕每天"大动干戈"。

要做一个仪态万方的成功女人，你就要先做一个清新飘逸、轻舞飞扬的韵味女人。

有意识地塑造自己的风格，是女人的魅力之路

每个女性都会穿衣服，但是穿出品位则并不是每个女性都能够做到的。得体、时尚的穿着，不仅可以使女性看上去更加美丽，而且还可以使女性那良好的修养和独到的品位大放异彩。

一个女人如何提高着装品位、实现个人魅力？女人的风格才是魅力的主体。为了使自己具有独特的魅力，有意识地塑造自己的风格是女人的魅力之路。

经典风格是一种有品位的标志。外表看似简单、保守，但款式现代，它不跟潮流，剪裁简洁，无过多装饰或花边。布料手感柔滑，质地考究、高贵，如纯羊毛、开司米、麻、丝等。经典风格的着装一般说来是工作中最理想的服装。着装时要配合面部淡妆，戴些具有古典品位的首饰，如名贵的宝石或珍珠等，手包和鞋子则应选择真皮的。

自然风格比经典风格轻松、自然，重要的是可以随意活动。颜色有土色系列和自然色系列，布料有棉、羊毛、丝，如牛仔布、灯芯绒、易皱棉布、斜纹软呢、法兰绒、小山羊皮、牛皮、格子面料及带有图案的毛织品和粗织品。与之相配的饰物常选择珍珠、铜制品、木制品、陶瓷或石头等。化妆要简单，不需要太考究，只要自然大方就可。

夸张风格是那些喜欢突出自己的女士常表现出的衣着风格。它展现的特点是色彩对比强烈、简单、亮丽、夸张，但界限分明。颜色用黄、红、蓝3种基本色做底色，再加上很多其他色系，如黑色，形成简单而明显的组合，布料颜色对比也很强烈。如素色布料加上大胆的斑纹、大面积的几何图形等。饰物大且色彩、款式夸张，化妆相应浓些。

创意风格是一种丰富多彩、有趣的、个性化更强的搭配风格。潮流性格，即兴，随意，颜色绚烂，通常具有民族色彩，常为从事艺术的人选用，并根据穿衣者的情绪经常变化。常选用印花、织锦等色彩丰富的布料或昂贵的纤维，如织锦缎和天鹅绒，与有光泽的、光滑的布料相搭配。装饰品不容忽视，镶边披肩、围巾、装饰皮带、耳环、手镯，甚至眼镜、鞋子都能充当装饰品。发型也经常改变，或松散或卷曲。

那么，职业女性今天该穿什么才能凸显出自己的风格？长裙、长裤、皮衣、风衣，过于流行让人眼花缭乱，难以适从。随着简约、环保、回归自然的时装风潮之兴起，在纷扰的世界中营造了一份恬静，从斑斓的色彩中寻求令人心动的色调，这正是职业女性的着装宝典。

从传统到现代，从前卫到复古，从奢华到简约，从色彩绚丽到和谐淡雅，时装似乎永远在不停地轮回，而每一次再生都有新的灵感出现。职业女性关注着从巴黎、米兰和纽约传来的最新时装信息，重塑着属于自己的靓丽，重塑另一种风情的魅力。

　　时装里，裙子的长度从来都没有一个特定的界限，但上班族还是穿及膝裙比较合适。时下，百褶裙又声势浩大地回归时装舞台，各种褶子裙像花朵般竞相开放，闪光面料上带刺绣花的裙子又是另类的自然。

　　秋冬时节，针织衫是时装设计师们永不舍弃的宠儿，镂空的、密实的，描述着女性风韵。最适合职业女性的就是两件套的对襟毛衣和高领毛衣了。

　　灰色的流行是压倒性的，因此要买长裤的话，灰色直筒裤应是首选，特别是瘦长形的。纽扣隐形也是个时髦话题，没有任何装饰，线条流畅，典雅大方之极。中长的西服是来自巴黎的潮流，似乎又复古了。

　　而要点亮灰色的背景，热情的鲜红色功不可没。镂空的圆领毛衣加毛质秋裙，司空见惯的穿戴因为有了红色而变得生机勃勃，另加一双灰色皮鞋相配，你已是个流行色的完全版了。

　　如何通过衣着给人树立一种干练、值得信赖的职业女性形象，是现代女性在办公场合取得职业认同感的第一步。因为着装是一个人最表面、最显而易见的肖像速写。

　　对于职业女性，颈部扣得严严实实虽然会给人以安全、能干和精明的感觉，却不免给人留下拒人千里的冷漠印象。过于死板、不通融的形象，在工作中是不可取的，而那种宽松柔软、结构线条流畅柔和的外套最受欢迎，对方会直觉地认为这是个有亲和力、易于接近、头脑开通的和善女人，同时也带有一种放松、随意的气氛。过于坚硬而平板的面料总让人联想到固执的坏脾气，深色又容易使人直觉地感到一份深藏不露、过于深沉的冷漠。在办公室中，选择轻质柔软的面料如羊毛开司米、丝绸等，浅淡明朗的色调会给人"我是一个思想开通、乐于接受新思想的人"的暗示。而松开颈口则表明你是一位具有开放意识、灵活敏捷的女性。皱皱的、过于松垮的领型暗示你的无能；过于宽松的领型暗示你散漫的个性、懒散的态度，身居管理者之职的女性尤应注意；尖领、方领或者较奇特的领型，表明你是一个颇具创意的创造性人才，思维活泼、开放不保守；艺术型领口表明你是一位具有独特意识、灵活独特的女性；大而显眼的领型反映出你是实力强大、精力充沛的权威性人物；平圆领型暗示出你的不成熟、无权威性。耀眼的手镯、长长的闪光耳环、9厘米的细高跟鞋，每样都会使你所需要的稳重形象大打折扣。在雇员多为男士的公司或部门里，一些女孩子喜欢穿着很女性的衣服，衣服上有花边领、荷叶边装饰，好看的花花草草图案等。这种"邻家女孩"固然甜蜜可爱，但在工作中会不自觉地给人一种对合作者有极大依赖性的印象，这些花边、小花朵、钩针图案之类的小玩意儿仿佛在你开口说话之前，已告诉别人"以下是些不成熟的观点……"

秋冬季节选择衣服的色调，最好以不会给人不快而又清爽的深色服装为主。但深色服装的缺点是一旦沾上灰尘或头皮屑，就格外显眼。所以，使用梳子梳理头发时，千万要特别留意是否有头皮屑或头发掉在上衣领口上，以免出丑。

长裤要每天熨烫平整，衬衫以浅色为宜。至于袖子的长度，应比西装的袖口长一些，才是正式的穿法；衣领和袖口要随时保持干净，这样有使对方心情明朗愉快的功能，衬衣色泽与外套的搭配也十分重要。

职业女性的服装以大方而不艳丽为原则，戒指、项链、耳环等饰品应视不同场合予以适当佩戴。

优美的曲线更能吸引周围热切的目光

当你渐渐地拥有了优美的曲线,并且身体的每一个部位都能吸引周围热切的目光时,你也许会在下意识里觉得自己就是维纳斯。

当人们对女人匆匆一瞥时,瞬间最打动人的是什么?

不是皮肤是否洁白细腻,不是头发是否乌黑富有光泽,也不是眼睛是否大,鼻梁是否高,而是身体的形态,是胖是瘦,是否有美感。

大多数女人都曾经拥有过美丽傲人的身材,你也如此——在充满青春活力的少女时代。当青春之神款款降临到你的身上时,你的身体就发生了奇妙而令人欣喜的变化。当你渐渐地拥有了优美的曲线,并且身体的每一个部位都能吸引周围热切的目光时,你也许会在下意识里觉得自己就是维纳斯。

但姣好的身材并不是可以持久地让你轻易拥有的。在你没有好好珍惜的时候,它就会悄悄地变化,变得走样,生活中的很多人总有着这种无法言表的惋惜和遗憾。

爱美之心人皆有之,如何塑造自身的美好形象,已成为广大女性共同关注的问题。高耸的胸、纤细的腰与修长的腿,都是我们共同追求的目标。不用急,只要你在平日里做好日常塑身功课,日积月累,好身材自然随心而来。

首先,胸——做女人"挺"好。

　　做女人还是"挺"好，柔和而丰满的线条、结实挺秀而有弹性的轮廓，给人无限的视觉美。乳房的形态美主要有形态、大小、位置等要素。女人的乳房，形态大约有 3 种，即圆锥形、圆盘形与半球形。半球形乳房是指乳房基底圆的半径与其高大致相等。乳房若过于下垂或位于外侧就不算美，如果半球形乳房下部曲线弧度稍大，圆而丰满，乳头在第四肋骨处，则被视为最标准的乳房。就东方美女的体形而言，女性的胸围=身高×0.515 为最妙。

　　要想收获自信的"挺胸"，你需要注重这些细节：

　　（1）胸围保养。一定要戴有较强承托力的胸罩，不能贪凉快而不戴胸罩，而且要常作胸部运动，让乳房保持长时间的结实和弹性。

　　（2）按摩。经常按摩乳房可使其丰满高耸，可收到令人满意的效果。常用的方法有 3 种：按压大椎穴、旋转按摩法和轻压法。下面介绍轻压法的具体步骤：先用右手托住右乳房，再将左手轻放右乳房上侧，右手沿着乳房用掌心向上托，左手顺着乳房向下轻压，20 次以后，再按摩左乳房。此法可增加乳房弹性，有益于乳房发育。上述方法如在洗浴时进行，效果更好，如坚持 3 个月，一般可使乳房隆起 1~2 厘米。

　　第二，腰——做个迷人"腰"精。

　　腰是运动的中心，腰部的动作极富优雅感与韵律，因为它承上启下，有蜿蜒施展之妙，予人以无限的遐思。因此，细腰成为美人的一大要件。古人以"小腰"、"纤腰"、"楚腰"等形容美女腰的柔软、纤弱。柳腰迷人，在于腰细能更好地衬托出高耸的胸和丰满的臀，让上高下圆的双曲线更诱人。故有"腰枝风外柳"、"纤腰婉若步生莲"之叹。

　　拥有纤腰是每个女人的梦想，许多健身专家都有这样的结论：相对腿部而言，腰腹部是最容易瘦下去的。纤腰最实际的做法就是做运动，只要动作到位，并结合饮食控制，一个月就能有明显效果。下面介绍几种纤腰运动，望大家好好练哦！

（1）简单收腹运动。这个运动虽然简单，但非常有效，躺在地上伸直双腿，然后提升，再放回，不要接触地面，重复做 15 次。运动密度：每日 3~4 回，每回 15 下。

（2）仰卧起坐——练习腹肌。要诀：膝盖弯成 60 度，用枕头垫脚；右手搭左膝，同时抬身使肩膀离地，做 10 次，然后换手再做 10 次。

（3）呼吸——练侧腹肌。要诀：放松全身，用鼻吸进大量空气，再用嘴慢慢吐气，吐出约 7 成后，屏住呼吸；缩起小腹，气上升到胸口上方，再鼓起腹部将气降到腹部；将气提到胸口，降到腹部，再慢慢用嘴吐气，重复做 5 次，共做两组。

（4）转身——练内外斜肌。要诀：左脚站立，提起右脚，双手握着用力扭转身体，左手肘碰右膝。左右交替进行 20 次。

第三，腿——美腿自然成。

生活在浮躁都市里的白领丽人，那些除了中午用餐和上洗手间外必须全天坐在写字间的美眉，办公桌上脸庞秀美依旧，办公桌下肢体却臃肿不堪，于是乎，信心与美丽渐行渐远。

跳操没时间，节食没毅力，辞职没勇气。可怜有些女人，为了守住一份高薪舒适的工作，放弃了美丽，透支了健康，甚至失去了与爱人的亲密。

其实，要想让下半身同上半身完美结合，真的是很简单，只要你坚持按下列步骤去做，相信你不久就会自信如初！

（1）上楼梯：尽量不坐电梯，多为美腿制造机会。上楼时两个台阶一起迈，尽量抬起脚跟走，将重量移向前腿，这样可以消除大腿内侧赘肉。为了维护淑女形象，走楼梯前左右瞧瞧，确定没人看见你的粗犷动作。

（2）坐椅子：将两条小腿用力盖在一起，从 1 数到 10 后再交换两腿。重复该动作很多遍，呼吸不要停止，据说这样可以锻炼小腿线条。数数时心中默念就行了，切忌不要数出声来贻笑大方。

(3)走路：即使是去几米开外的厕所，也不要像逛街似的慢慢溜达，尽量将步子迈得大些，更大些，让腿上所有的肌肉都得到锻炼。

(4)除了上面几种方法之外，你还可以参加一些长时间、低强度的有氧运动来减肥，如游泳、慢跑、单车、步行等。以有氧运动减肥，不需要太注重提升心率，反而要注意在运动中消耗多少能量。此外，你也可以舒舒服服地享受香熏，香熏功效神奇，具有减肥功效。同时适当增加对身体的投资，如各种身体保养、水疗等。

总之，只要你用心，享有好身材并不是件困难的事情。要相信自己，相信自己一定会拥有完美而健康的身材。坚持就是胜利，只要持之以恒，其实，美丽身材离你并不遥远！

小小佩饰具有神奇魔力

佩饰对于衣饰美的补充作用简直有一股神奇的魔力。在现代社会，尤其对女性而言，饰品已成为构成服饰美的一项不可或缺的部分。

佩饰，这里指人在衣物之外的其他一些配件，包括耳环、项链、戒指、手镯、胸针、丝巾、披肩、腰带、手提包、鞋子、帽子、眼镜等物品。在现代社会，尤其对女性而言，饰品已成为构成服饰美的一项不可或缺的部分。

佩饰对于衣饰美的补充作用简直有一股神奇的魔力。假使一位职业女性，从头到脚下全是清一色的黑色，如黑帽子、黑套装、黑色高跟鞋，这样一身打扮是没有什么看头的。因为黑色的广泛适用性，纯黑的打扮在公众场合似乎沦为社交界的制服,已没有什么特色可言。而这时我们若做一些小小的变化:在这身完全相同的服饰上,只加上一个小配件,即在她胸前加一条黄底黑圆点的丝巾,会怎么样呢?

这个人给我们的视觉印象全变化了,不再是死气沉沉的社交制服了,不再是庸俗不堪毫无品位的着装了,整个人给别人的印象因这一条丝巾鲜活起来。这就是不可或缺的饰品魅力。

佩饰突出对比可以有效改变身材的比例。就如刚才那位小姐,如果把加上的彩色丝巾位置再调高一些,她的身材便会更显高挑。如果再把帽子也加上黄色缎带,那么看起来势必还会更高。

相反,如果使用佩饰时随随便便,结果也会惨不忍睹。如果一位小姐,把自己的皮包背带拖得老长,吊在臀部,人就会显得比实际要矮和胖。而且皮包越大,臀部也会越醒目,也就更加破坏身材的比例。

● **鞋子与皮包**

鞋子、皮包与衣服是塑造整体形象的铁三角。鞋子与皮包是增强衣服效果的利器,但是如果运用不当,反而会让人感觉形象七零八落。鞋子与皮包也是时尚的宠儿,推陈之快,出新之多,常常诱惑爱美的人管不住钱包。所以,选择鞋子与皮包,应当慎重一些,从整体搭配上考虑。鞋子与皮包的款式,种类繁多,应当从自己偏好的风格里,选出几款适合自己的服装款式、色彩,必须要做到总体和谐,不然,佩饰的魔力就会使你丑不堪言。

鞋子的质料、款式、色彩、鞋跟高低的不同,会与不同的服饰构成绝配,颠倒过来就可能不像话了。

皮包亦是如此,如刚才提到的那位小姐,就是不会使用皮包,让长长的皮包带,大大的皮包改变了自己的身形,变得矮胖,也凸显了自己的臀部,可以说是配件使用的失败。

●丝巾

丝巾是一种美丽多变的永久性配件,既能衬托服装造型的高雅,还可以使体形显得高挑修长,并且掩饰颈部恼人的横纹。丝巾还可以胜任衬衫、手镯、腰带、发带等角色,何况天冷时围上它,既漂亮又暖和,好处难以胜数。

有心想要让丝巾改变世界的人,应先从长方形丝巾入手。质地轻柔的长方形丝巾使用方便,最得心应手。至于质料厚而且大幅的丝巾,或花色巨大,或印有大字商标的类型,初学者都不宜选用。因为这样的丝巾一旦用不好,反倒会破坏整个衣饰的效果。太僵硬或太蓬松,针眼过多的质料也不是很容易操作。

选择丝巾同选择衣物一样,不能忽略色彩的因素。选择丝巾的时候,一定要注意使丝巾的色彩与自己的色型适合,与自己所穿的衣服搭配。前面提到的那位穿纯黑制服的女士,在胸前加上一条黄底黑点的丝巾,整个人顿时鲜活生动起来。如果在她胸前加一条纯黑的丝巾,你认为如何呢?那她身上穿的仍然不过是制服而已,很难谈得上什么美感与气质。所以,每次使用丝巾前,都应该在镜前确定一下合不合乎自己的色调,是不是与整体的色彩协调。

丝巾就仿佛是女人的脸,你有千种修饰方法,它就有千般变化。面对丝巾的无限可能性,喜欢丝巾的人应该仔细选择色彩、质地以及使用的方法,真正用出自己的风格来。

●眼镜

眼镜,是一种兼具实用及装饰功能的必需品。尤其近些年来,眼镜几乎成为脸部表现风雅品位的重要装饰。一副眼镜,可以使你变得端庄稳重或者新潮靓丽或者神秘莫测。善用个性化的款式,眼镜绝对能塑造你突出的形象。

选择眼镜,一定要充分考虑它与发型、脸形、眉形、衣饰等之间的搭配,务必要求整体风格一致,同时,眼镜应具备工作、运动休闲、盛装等几个功能。

我们全身上下最受人瞩目的就是一张脸,所以最靠近脸部的发型、眼镜、耳环等,都要慎重处理才行。选择眼镜,首先要考虑的就是镜框与眉形是否吻合?假如戴着一副框形向下弯的眼镜,但是眉形却往上扬而突出镜框之外,会显得十分不协调而且好笑。

其次,要注意"大对大"、"小对小"的规则。也就是说,脸大的人戴大眼镜,脸小的人戴小眼镜。这与戴耳环的原则是一样的。

现代的镜框不但造型新颖,色彩也大胆奔放。依据自己的性格特质去挑选,同时也应考虑自己的身份、职业。最通用的镜框颜色,仍是以浅棕色或茶色等较接近我们肤色与眼睛颜色的色系为主。金色与银色框,搭配运用的弹性大,也是不错的选择。

● **手表**

手表最初是一项生活的必需品,现在已摇身一变为讲究门面的品位配件。从昂贵的满天星钻表到争奇斗艳的各种追求时髦的新潮手表,手表的种类如今已大大丰富了我们的选择,而不再是当年永远的一块"老上海"。

手表,在现代社会已成为强力塑造我们形象气质的必备品,所以,我们应时时注意保持它与衣袖、戒指等之间的协调。

现代人依不同场合的需要,手边至少应该有 3 块表。一块是工作用表,这应该是一块形式单纯、造型古典、好用易看,而且当你穿着套装时不会影响整体形象。如果你的工作表表面太过花哨,或是端详半晌才能读出时间,那你的选择就太差了。

另一块表是休闲运动用的。市面上有许多争奇斗艳的新潮手表,它们是大胆、有创意、够酷、比炫的各式休闲手表,可以强调个性,增添休闲情趣。

第三块表是出席盛大场合的晚宴手表。就是必须符合宴会光彩华丽气氛的手表,所以在款式设计上必须典雅庄重,具有高雅的品位,显出个人的气质与魅力。即使没有宝石星钻的豪华,也要能强调出你对品位的坚持。

当然,手表不一定必须是高价品才行,关键是要合于个人的风格及所出现的场合。

● **首饰**

说起首饰,人们常常会想到披金戴银、珠光宝气、价格不菲等词语。所以不少崇尚质朴的人或是囊中羞涩的人,都觉得远离首饰要好一些。

其实,绝妙的首饰佩戴不会使你身添俗气,而只能使你更加气质高贵;至于年轻人,对首饰应该有更多大胆的尝试,而不必拘泥于真材实料的金银珠宝。

有幸买得起昂贵的首饰,的确令人羡慕,各位不妨想象手戴一只稀世红宝石,和一身宝石红色的晚礼服互映生辉的光彩,是多么让爱美的女性悠然神往。但是,没有经济基础的年轻人,如果把全副心思放在这种奢侈消费上,相对要牺牲太多代价,实在不值。

当然,如果能力允许,投资一两件设计别致的真珠宝,未尝不是明智的选择。许多饶富动感、能令人印象深刻的首饰作品,可以大大增添你的华贵气质。手边有几件真首饰后,其余的则不妨视日常搭配需要,添购一点假首饰。假首饰的价格不高,能够任意佩戴。几个月后即使不合用,丢掉也不可惜。运用这种方式区别首饰的用途,能让你有效发挥首饰的功能,产生120%的形象魅力。

● **耳环**

耳环是女性的主要首饰,使用比较普遍,其使用率仅次于戒指。耳环佩戴得体,会使女性的容颜变得秀美,如果佩戴不得体,本来姣好的脸庞也难免变得丑陋。因此,每一位喜欢佩戴耳环的女性,不管她的艺术修养怎样,审美情趣如何,在佩戴耳环时都必须根据自己的脸形、肤色、发型、服装等因素进行综合考虑。

脸形与耳环形状的对比关系,一般地说,要"反其道而行之"。通过观察发现,由于耳环使观察者的目光横扫整个脸部,因此,大多数耳环会增加脸部的视觉宽度。这对于瘦脸或脸部较窄的女性来说,耳环是日常佩戴的必需品。因为佩戴耳环无疑是对瘦而窄的脸庞的一种弥补。

圆脸是非常可爱的脸形,如果再佩戴大而圆的耳环就不适宜了,因为大而圆的耳环最容易使脸部显得丰满。对于本来已经很丰满的女性,如果脸部再重复出现圆形饰物,就会使脸部显得更圆,形成鲜明的对比,反而不具有美感。这种脸形的女性可选用重坠型串珠式耳环,与之呼应,就会让人感到丰满的脸部增加了一点和谐,使脸形修长、俊俏,看上去更为协调。

瓜子形脸缺少圆润感,难免给人留下尖刻的印象。清秀的脸庞两侧给佩戴首饰留下了很大空间,尤其以佩戴圆形或重坠型耳饰为佳,以改变一下尖下巴的脸部。

三角形脸额窄颚宽,除了选用蓬松的发型遮挡外,佩戴宝石扣状耳饰,会使三角形脸庞显得别致。

方形脸给人以呆板的感觉,除了借助发式改变脸的形状外,要佩戴线条圆润流畅的圆形、鸡心形的耳环。这样会使方脸庞上多了一点曲线美。

佩戴耳环时,必须考虑到服装的颜色和样式。一般服装的颜色鲜艳,耳环的装饰效果就差。比较高贵的宝石镶嵌耳环,如果与运动服搭配,就显得很不协调;青春少女应佩戴三角形、多边形等动感强的耳环,以便给人天真活泼的形象。中老年妇女最好选用自然、大方的珠宝耳饰,可显示出典雅、华贵、沉稳的风度。在各种社交场合,最宜佩戴档次较高的珍珠、钻石、翡翠、珊瑚等珠宝镶嵌的耳环,既高雅端庄又不失身份。

● 项链

项链对改变脸形、颈部的轮廓方面具有很好的效果。对于大多数女性来说短项链可以使脸部变宽、脖子变粗。所以,长脸和长脖子的女性应佩戴颗粒大而短的项链,使其在脖子上占据一定的位置,在视觉上能减少脖子的长度;脖子短的人则要佩戴颗粒小而长的项链;方形脸短脖子的女性应佩戴长项链,穿着领口大一点,低一点的上衣,这样可以让项链充分显露出来;瓜子脸的女性,由于带给人温柔和忧郁的感觉,因此可佩戴稍粗的、中等偏短的粗犷型项链。

佩戴项链应和服装取得和谐与呼应。如身着柔软、飘逸的丝绸衣衫裙时,佩戴精致、细巧的项链,看上去会更加动人。项链的颜色与服装的色彩反差要大些,以形成鲜明的对比。如单色或素色服装,佩戴色泽鲜明的项链,能使首饰更加醒目,在首饰的点缀下,服装色彩也显得活跃、丰富。

色彩鲜艳的服装,佩戴简洁单纯的项链,不会被艳丽的服装颜色所淹没,并且可以使服装色彩产生平衡感。

一身洁白的连衣裙,佩戴任何鲜艳色彩的宝石项链都很美观,最为清新爽朗的是一串天蓝石长项链;红玛瑙项链也非常活泼。

若全身红色配以象牙项链,异常引人注目,且十分协调雅致。全身宝石蓝佩戴象牙质的项链同样清丽迷人。

珠宝项链色彩斑斓,晶莹华贵,具有强烈的装饰效果。佩戴象牙项链,显得古朴典雅;佩戴珍珠项链,显得俏丽雅致;佩戴钻石或红宝石、蓝宝石项链,显得光彩夺目;佩戴玛瑙项链,新奇诱人;佩戴珊瑚项链,朴素大方;佩戴水晶项链,则显得清澈光洁。

选配项链上的挂件,要注意以之展示自己的性格。富有幻想者,可选配星形挂件。活泼好动者,可选配三角形挂件。成熟稳重者,可选配椭圆形挂件。追求事业者,可选配方形挂件。

● **手镯**

手镯在改变服装式样上具有明显的效果,它适合于穿长袖衣服的瘦长胳膊的女性佩戴。选择手镯时,一般以手臂的长短与手镯的粗细一致为宜。

这样既能掩饰手臂过长、过粗等不足,又能增加人们视觉上的舒适感。如手臂细长者可以佩戴宽镯子或多个细线镯子;而手臂短粗者,则以佩戴较细的手镯为宜。

戴手镯和手链很有讲究,不能想怎么戴就怎么戴。违反了某些约定俗成的规矩会让人贻笑大方。如果在右臂或左右两臂同时佩戴,表明佩戴者已经结婚。如果仅在左臂佩戴,则表明佩戴者是自由而不受约束的。一只手上一般不能同时戴两只或两只以上的手镯和手链,因为它们相互碰撞击出的声响并不好听。若非要戴 3 个手镯,切不可一只手上戴两个,另一只手戴一个。而应都戴在左手上,以造成强烈的不平衡感,达到不同凡响标新立异的目的。不过这种不平衡应通过与服装的搭配求得和谐,否则会因标新立异而破坏了手镯的装饰美。手部不太漂亮的人要知道,手上戴的东西太多了反倒容易暴露自己的短处,那些注意你手上首饰的人不可能不同时注意你的手。

金手镯、嵌珠宝手镯,上面饰有花纹或图案,这类华贵富丽的手镯,适合成年女性戴。

玉镯,体现出柔情,最适合老年妇女用。当今年轻的着现代时装的女士戴上玉镯也别具情趣。

珐琅手镯又称景泰蓝手镯,浑厚而鲜艳,富有变化的图案最具中国特色。流行服装配珐琅手镯效果非常理想。

● 戒指

戒指,是点缀手的饰物,佩戴时,局限于手指,比起项链耳环来不那么引人注目,但对人的整体形象的影响不容忽视。

戒指的种类繁多,常见的有:线戒、嵌宝戒、钻戒、方板戒、板戒等。诸多戒指各具特色,因此在选择戒指时,要考虑自己的特点,才能充分发挥戒指的魅力和华美的气质。通常情况下,应注意所选戒指与皮肤的颜色相配。

如,褐色皮肤的手,戴上金戒指比较协调,有高雅感;而手背肤色偏黑的人,可佩戴颜色较深的戒指,如暗褐色或黑色宝石戒指,可使手背颜色不致太明显。其次,所选戒指应与手的形态相符。如,短粗型的手应戴非对称性的较细长的戒指,以分散他人对手指形状的注意力;而手掌较大又丰满的人,所戴戒指的分量不要过少,否则会使手掌显得更大。纤纤玉指戴上戒指更添魅力,粗黑难看的手戴上戒指更加暴露出你的缺憾。

由于戒指是环状,它既没有开始,也没有结束,犹如爱情的浪漫和永恒。结婚戒指不能用合金制造,必须用纯金、白金或银制成,表示爱情是纯洁的。

戒指的佩戴方法,不同民族因习惯不同而有所区别。

在中国,习惯将戒指戴在左手上,因为左手较少地用于劳作。戴在左手无名指上,因为这个手指不常使用,戴在这个手指上的戒指,不容易碰坏。但现今,男女戒指戴在哪个手上都已随便。

在西方国家,戒指很早就作为信物并演化成婚礼戒指。男性和女性一般都将订婚戒指和结婚戒指戴在左手的中指上。传说左手中指的爱情之脉直通心窝,戒指戴在其上可被心里流出的鲜血浇灌,从而使佩戴者永葆爱情的纯洁和忠贞不渝。

戒指的佩戴,是一种无声的语言,也是一种暗示。它往往能够反映出佩戴者的择偶和婚姻状况,形成了一套约定俗成的戴法。除大拇指外,双手各个手指都可以佩戴戒指,不过戴在不同手指上有不同的含义。戴在食指上,表示求婚;戴在中指上,表示处在热恋中;戴在无名指上,表示已经订婚或结婚;戴在小指上,表示独身,或表示终身不嫁或不娶。

第 2 个礼物

温 柔

女人幸福的性格优势

　　造物主创造女人最大的成功，不是赋予她们天生丽质的外表，而是一份女性特有的温柔。对于女性来说，这种温柔，是一种智慧，是一种境界，是女性独具的气质，是女性似水柔情的展现。

　　作为女人，你可以不漂亮，可以不再年轻，但必须要拥有如水的温柔。因为温柔能使你魅力四射，温柔能使你拥有成功的事业，更重要的是，温柔可以让你享受到人生所有的幸福，更成为爱人一生的女神。

温柔往往是女人立身处世最锋利的武器

我们每一个女人都是潜在的维纳斯，每一个女人都是温柔的、强大的、有所作为的。温柔、细致是上天赐予女性的不同于男性的一份独特的财产。

我们经常可以看到这样的女人，外表看起来文弱、随和，一副与世无争的样子，可是，只要单位里有任何好事，都少不了她的分儿，这令周围的人感到诧异：为什么好运总是降临到她的头上？

究其原因，这是一些懂得如何运用女性优势的女人。这类女性往往比那些外表坚强、个性突出、语言咄咄逼人的女人更有力量。

柔性作为女人拥有的特性，不仅为男人所认可，更是吸引和征服男人不可抵挡的力量。女人的柔性并非指女人的强弱，而是指女人的特性，女人特有的温柔、细致和耐性是女人的优势所在。懂得运用女性的特性，实质就是掌握了女人的生存手段和竞争方式。

人们常把女人比喻为水。水是柔性的东西，却可以融化、穿透坚硬的岩石，以柔克刚就是这个道理。可以说，上天让女人温柔体贴，就是叫你去"四两拨千斤"。

维纳斯是从神话中走出来的完美的女人。她拥有超凡的能力，她能得到她想要的一切。古罗马以来，维纳斯成了女性魅力的典范，她代表女性的美丽风格和成功。其实，我们每一个女人都是潜在的维纳斯，每一个女人都是温柔的、强大的、有所作为的。温柔、细致是上天赐予女性的不同于男性的一份独特的财产。

古代有一个小国,他们的王后是个十分善良、温柔而又贤惠的女人,当国王驾崩以后,其子即位。由于小国王年纪尚幼,只好由母后代政。

一天,强大的邻国派了一个使者向小国王恐吓道:"你必须呼我万岁,在钱币上印铸我的肖像,对我称臣纳贡。否则,我将率军攻占你的国家,将其国纳入我们的版图。"使者还递交了一封重要的信件——战争的最后通牒。

王国的百姓得到这个消息,群情激愤,与敌人誓死血战的气氛笼罩着这个弱小的国家,但王后却宣布与敌人讲和。一时间权臣和百姓对王后的行为都百思不得其解,甚至有人诽谤她是"靠出卖身体换回权力的荡妇",大家都怀疑她与强大的邻国国王有暧昧关系。但是,这个明智而坚强的王后宁愿做"坏女人",亲自赴邻国的鸿门宴,也要为自己的祖国争取和平的机会。

邻国国王确实早就倾慕王后的美貌与风韵,宴会的地点选在了国王的寝宫,不准王后带一个随从。邻国国王的目的不言而喻,如果能得到这位王后,他便也心满意足。

可事实的真相到底怎么样呢?

在华丽的床榻边,盛装高贵的王后用温和、不卑不亢的语气对邻国国王说:"尊敬的国王,假如我的丈夫还活着的话,您可以产生进犯我们的念头。现在他谢世归天,由我代行执政,我心中思忖:您十分英明睿智,决不会用倾国之力去征讨一个寡妇主持的小国。但是假如您要来的话,至尊的真主在上,我决不会临阵逃脱,而将挺胸迎战。结果必是一胜一败,绝无调和的余地。假若我把您战胜,我将向世界宣告:我打败了曾制伏过成百个国王的国王。而若您取得了胜利,却算得了什么呢?人们会说:'不过击败了一个女人而已。'不会有人对您大加赞美。因为击败一个女人,实在不足挂齿。"

强横的国王听到这话很震撼,看到她那恬静无畏的表情,国王彻底放下了手中的屠刀。在她执政期间,邻国一直没有对王后的王国兴师动武。

王后的高明之处就是很好地考虑了自己的性别角色,向强大的敌人展示了自己柔弱的一面,这等于在向对手宣告:"好男不和女斗,如果你还算一个有点儿胸襟的男人,就应该放弃对一个弱女子的攻击。"这样反而令对手恐惧,也就不好意思再争斗下去了。温柔就是具有这样强大的力量,它可以击退千军万马而不动用一兵一卒。

女人一定不要小看自己温柔的一面,这种气质往往是你立身处世的最锋利的武器,这是只属于女人的隐蔽的强大权利。

越是成功的女人越会恰到好处地运用自身最丰富、最本能的武器,这就是温柔的另一面——脆弱。脆弱常常表现为一种被动,像是不具备任何进攻性,实际脆弱的进攻性是非常强硬的,水滴石穿,就是这个道理。舌头与牙齿相比显然是脆弱的,但牙齿常常会烂掉或碰碎,而舌头始终完好无缺。世界上的生灵也是这样,虎豹与牛羊比,虎豹要强大得多,但在生物的进化中,虎豹却越来越少,成了濒临灭绝的物种,而牛羊却欣欣向荣,遍地皆是。细雨绵绵,可能没有太大的冲击力,但万物生长,则是靠润物细无声的细雨,而狂风暴雨,可能惊天动地,但却给人带来恐慌的感觉。

就像那位王后,在邻国那么强大的压力面前,仍保持着清醒的理智,运用自己女人的独特性别优势化解了一场战争。这真是现代女性应该学习和深思的。

柔弱是女人的本能,没有什么比一个女人的脆弱更能打动人。

恰当运用"柔",任何坚强的东西都会为之融化

天下没有比水更柔弱的东西了，但是任何坚强的东西也抵挡不住它，因为没有什么可以改变它柔弱的力量。

撒娇是女人的专利。会撒娇的女人，你的爱人会更喜欢你。

两个人共同生活在一起，难免产生摩擦，特别是遇到困难时男人会脾气暴躁，怒火一触即发。这时候千万不要火上浇油，而是要温言软语，先让他熄火。事实证明，在跟男人的冲突中，聪明的女人都能明白柔能克刚的道理，只有愚蠢的女人才会选择针锋相对。一个喜怒无常、经常像斗牛士一样怒发冲冠的女人是令人恐惧的。

马大娘自从老伴去世，含辛茹苦地拉扯着两个儿子——马钢和马铁。眼瞅着马氏兄弟都长成了小伙子，马大娘打心眼里高兴。去年春天，大儿子马钢娶了媳妇，二儿子马铁也谈上了对象，马大娘心里高兴，苦日子终于熬到了头，这下该安度晚年啦。谁知，儿子却没有让老人家晚年平安。马钢结婚时间不长，新房里便时常发生一些"战事"。马钢打小就性如烈火，谁知他的妻子也"钢硬刻百板"，本来一件小事，丈夫不冷静，妻子也不忍让，针尖对麦芒，每次都是越吵越凶，到最后总酿成一场场恶战。马钢夫妇"战事"不断，感情渐伤，双方都觉得再也难以过下去，只好办了离婚，各奔前程了。

转眼又是一年，马铁也热热闹闹地把新媳妇娶回了家，马大娘却又担

上了心。当娘的最了解儿子，马铁的脾气可不比他哥哥强多少，也是动不动就吹胡子瞪眼，弄不好就抡拳头。马大娘密切注意着这对新婚燕尔的年轻夫妻，随时准备着去排解"战争"。这一天终于来了。不知为什么，马铁扯着牛嗓子对妻子大喊大叫。马大娘闻听"警报"，立即闯进了小两口的房间。马大娘看到，马铁黑虎着脸，拳头已高高举起。"浑小子，你……"马大娘话还没说完，却见二儿媳一不躲，二不闪；冲着丈夫柔情蜜意地一笑，娇滴滴地说："要打你就打吧，打是亲，骂是爱嘛。可就别打得太重了。"这下可好，马铁不但收回了高举的拳头，连虎着的脸也被逗了个"满园桃花开"。可能发生的一场风波顿时平息了，马大娘被儿媳那股撒娇样儿逗得差点笑岔了气。日子一天天过去，马大娘发现二儿子发脾气举拳头的时候几乎不见了。后来，二儿子对她说："妈，我算服了她了，还是她'厉害'，有涵养。"马大娘也由衷佩服这个懂得"撒娇艺术"的儿媳妇了。

"撒娇艺术"，其实就是古之兵法上"以柔克刚"的艺术。老子认为"柔弱胜刚强"，他说："天下柔弱莫于水，而攻坚强者莫之能胜，以其无以易之。"这句话的意思是说，天下没有比水更柔弱的东西了，但是任何坚强的东西也抵挡不住它，因为没有什么可以改变它柔弱的力量。恰当运用"柔"，任何坚强的东西都会为之融化，巧妙地运用"撒娇"，就等于为婚姻安上了一个"安全阀门"。

也许有的妻子听了这个观点很不服气："夫妻平等，谁都有个自尊心，难道让我屈服在辱骂与拳头之下，还要赔笑脸?我可不能服这个软!"要是这样理解可就错了。妻子给丈夫一个笑脸，一句幽默话，绝不是软弱的表现，而恰恰能显示出一个为人妻者的智慧、修养、气质和涵养。面对这样的妻子，只要不是那种压根儿没有人性、理性或对你根本没有感情的丈夫，相信谁都会在这大家风度面前败下阵来而自惭形秽，并在这种潜移默化的熏陶中受到影响，自觉纠正自己的偏激性格和行为。

巧用"撒娇艺术"，确是夫妻交往中消除隔阂、增进了解、陶冶性情、加强涵养的具有实用价值的好办法。做妻子的，当丈夫发脾气时，不妨试试这招"撒娇绝技"；当你的丈夫心情郁闷时，不妨试试这支女人特有的"独门暗器"，这对增进夫妻之间的感情，肯定会大有益处。为人妻者请牢记："撒娇"是对付老公的重要法宝。

女人，最能打动人的就是温柔

温柔有一种无形的力量，能把一切愤怒、误解、仇恨、冤屈、报复融化掉。在温柔面前，那些喧嚣吵闹、斤斤计较、强词夺理、得理不饶人，都显得可笑又可怜。

作为女人，你尽可以潇洒、聪慧、干练、足智多谋、会办事儿，但有一点不能少，你必须温柔。

女人存在的理由就是因为她具备男人所缺乏的温柔。温柔，这是作为母亲和妻子的女人不可缺少的一种基本的资质和品性。"温柔"这两个字很自然地就和关心、同情、体贴、宽容、细语柔声联系在一起。温柔有一种无形的力量，能把一切愤怒、误解、仇恨、冤屈、报复融化掉。在温柔面前，那些喧嚣吵闹、斤斤计较、强词夺理、得理不饶人，都显得可笑又可怜。

女人，最能打动人的就是温柔。温柔是一场三月的小雨，淋得你干枯的心灵舒展如春天的枝叶；温柔像一只纤纤细手，知冷知热，知轻知重。只需轻轻一抚摸，受伤的灵魂就会愈合，昏睡的青春就能醒来，痛苦的呻吟就会变成甜蜜幸福的鼾声。

女人的温柔是一种美德,是一种足以让男性一见钟情、忠贞不渝的魅力。

的确,在男人挑剔的眼光中,盯着女人靓丽外表的同时心里还渴求着温柔,在浪漫的花季,漂亮或许会占上风,但是,当男人真正读懂女人这本书的时候,他会惊奇地发现其实温柔才是这本书的经典之处。

女人的温柔是夜幕降临时一盏亮起的灯,让男人产生回家的渴望,无论多远,那盏灯,都是心底一直的牵挂。女人失去温柔对于男人是件可怕的事。世上绝少会有哪个男人喜欢女人的蛮、野、悍、泼、粗、俗。温柔是女人的一部分,是女性美的一个要素。此要素的丧失,就意味着一种美的丧失,而于外人眼里,此女人必显得粗陋。失去了阳刚之气的娘娘腔的男人让人打冷战,而失去了阴柔之美的粗陋女人让人胆寒——尤其是漂亮女人。

比如在公共汽车上,有一位年轻、艳丽的售票小姐,那洋溢着青春朝气的脸儿让每一个人禁不住盯着看,这是一种无法自持的对美的欣赏。当她查票查到一位男士时,因那男士掏遍口袋也未掏出月票,她突然破口大骂,骂得那位男士羞愧满面、狼狈不堪,车一到站就拔腿逃跑。所有人都把头扭向一边,不敢再看这女人。从那样俊俏那样美丽的小嘴里射出一把刀、喷出一串串让人作呕的脏字儿,岂止是吃惊,再大胆的男人也会害怕,也会全身起鸡皮疙瘩。

在公园门口,焦急等待的靓丽少妇看到远远跑来的身背大包小袋累得满头大汗的丈夫,未等其夫停下脚,她就迎上去“啪啪”两记耳光,大骂其夫来得太晚,让她等得好苦。那可怜的丈夫呆立着,想他是伤心到了极点,而伤心的背后更多的恐怕是懊悔吧。而他为何不反击抑或仅仅是解释一下?是因为这样的女人令男人最害怕。

以上两位就是那种失去了温柔的粗陋的女人。其实粗陋的女人失去的不仅仅是温柔,她还会因此失去很多:脸上的光彩,别人的尊重,好的心情以及美和爱。

总之,对于男人来说,娶了一个失去温柔的女人是很受罪的,和这样的女人共处要处处小心,惹了这样的女人最好的办法就是赶紧溜掉。这样的女人更谈不上让男人对她倾心了。

所以,做一个让男人倾心的女人一定要温柔。

试想,如果一个女人叉着腰,黑着脸,一副泼妇骂街的架势,哪个男人还敢接近?生活中,有的女性脾气很大,谁要是惹她不高兴了,不管在什么场合,她都会动怒,只是陷入愤怒的程度不同——从轻微的烦躁不安到严重的咆哮大怒。愤怒的情绪是在日常生活中逐渐形成的习惯,它会严重地损害到人际关系,更是一种没有修养的表现。

温柔是女人最动人的特征之一。她可能不是都市的白领,她的学历也可能不是那么高,她的厨艺也许不怎么好,她的细手也许很笨拙,她的长相也许挺一般,总之她绝对不能算得上是一个十全十美的俏佳人,但她却很温柔,柔声细语足以让男人顷刻间为之陶醉。

在男人眼中,女人的这一特点比所有的特点都要可爱。温柔的女人走到哪里,都会受到人们的欢迎,博得众人的目光。她们像绵绵细雨,润物细无声,给人一种温馨柔美的感觉,令人内心佩赞、回味无穷。

柔情是女人特有的个性体现。如果说,聪明的女人是调情高手,那么柔情的女人则是把握感情的专家。聪明的女人会给人留下机灵、强悍、独立的印象,而柔情的女人展现给人们的是软弱、娇小的形象。

放下架子,承认自己是弱者

在现实社会中当受到强势威胁的时候,放下架子,承认自己是弱者,是最明智的选择。如果两个人打架,一个人突然放手,那么这场冲突基本上会被化解。而放弃卷入冲突,看上去是弱者的行为,其实这正是一种超强张力的表现,事实上,这种放弃需要更大的勇气与对局势清醒理智的分析。

当你处在一场对手比你强势的搏斗当中,最简单的做法是让自己退却,比较困难的做法则是将对方击退。

假使你在攻击者抓住你的肩膀时停止挣扎,很可能他会不由自主地将情势直接交由你主导。停止挣扎,并不表示停止作战,而意味着以更加巧妙的抵挡方式作战。

所以说,女人作为一个弱者的形象,要想独立于世,就应该学会"四两拨千斤"之法,勇敢地承认自己的脆弱,博取同情与注意,让对手放松警惕,再施以巧妙周密的计划去达成自己的目标。即使是世界上最强大的女人,也要承认自己身心的脆弱。越是成功的女人越是能恰到好处地运用自身最丰富、最本能的武器——脆弱。

曹雪芹笔下的红楼女儿,个个兰心蕙质,才艺过人。其中,又以多愁善感的林黛玉最具代表性。如果一个女人能被冠以"黛玉"的称呼,这说明她首先是一个比较有女人味的女人。

林黛玉其实并不是《红楼梦》里最美的,薛宝钗就比她漂亮,连贾宝玉都认为那串八宝瓒金的手链,如果戴在宝姐姐的腕上会更美。可是男人们为什么心中爱的总是林妹妹而非宝姐姐呢？

读者初见黛玉，并不是通过直接着笔墨来感受她的美，而是巧借凤姐的嘴及宝玉的眼来体会林黛玉的绝世美丽。心直口快的凤姐一见黛玉即惊叹："天下竟有这样标致的人儿，我今儿才算见了。"这话虽未直接写出黛玉的美丽，却给读者在心里留下了一个"绝美"的形象，一句"竟有这样标致的人儿"，通过"写虚"的形式给人留下了无限广阔的想象空间，真可谓神来之笔。我们再从宝玉的眼里来看看黛玉的形象："两弯似蹙非蹙罥烟眉，一双似喜非喜含情目，态生两靥之愁，娇袭一身之病。泪光点点，娇喘微微。娴静似娇花照水，行动如弱柳扶风。心较比干多一窍，病如西子胜三分。"好一个"袅袅婷婷的女儿"、"神仙似的妹妹"！笔至此处，一个活生生的"绝美"黛玉已跃然纸上，这便是林黛玉的"外在美"。林黛玉的外在姿容尚是次要的，更能动人心魄的是她丰富、优美、多愁善感的内心世界。

林黛玉是天真率直、喜欢浪漫、崇尚自由的女性代表。在那种"女人无才便是德"的年代，她偷偷地看《西厢记》，并且达到了一种如痴如醉的程度。《西厢记》中的经典台词她常会脱口而出，确实有点过人的才华。

富有女人味的聪明女人应像黛玉一样做个感情丰富的女人。在心爱的男人面前，内心保持着最柔软的不可触摸的疼痛，保持着善良而多情的心灵，有着所有女人对爱情的渴望。

她们时而情感流溢，时而娇羞万千；时而如水温柔，时而天真可爱；时而风趣盎然，浑身散发着女孩的清纯气息。

一个"凄"字，使得曹雪芹笔下的林妹妹，以淡淡的忧郁与哀愁展现在读者面前。她成了柔弱美的代表人物，成了怜香惜玉男子追捧的对象。倘若这样的女子诞生在现代社会，她可以在自己所爱的男人面前经常地使一些小性子，把他的胃口吊得酸酸的，使他有一种若即若离的感觉，激发大男子对弱小女子的保护欲。

女权主义者和男人最鄙夷女人之处就是女人的脆弱感，但脆弱感又常常是一种隐蔽的力量。所以，我们必须唤醒它的威力，善加运用。

会撒娇的女人是女人中的极品

上天赐予女人温柔的性格，其实就是给了女人们制伏男人的本事。用撒娇来对付男人的野性，真是再好不过。

有人说："好女人是女人中的精品，而会撒娇的女人则是女人中的极品。"所以，女人可以不够漂亮，但是一定要会撒娇。上天赐予女人温柔的性格，其实就是给了女人们制伏男人的本事。用撒娇来对付男人的野性，真是再好不过。只可惜，有许多女人盲目地认为"撒娇"是一种示弱的表现，反而喜欢与男人硬碰硬，以此显示自己的实力。其实，这样不仅平白无故地费力，多数情况下还讨不到任何便宜。

用自己的优势应对别人的劣势，便能够轻松取胜，这是尽人皆知的道理。那么作为女人，我们为什么不用自己温柔、可爱的优势，来软化男人的铁石心肠呢？如果一味地与男人比谁更硬、谁更狠，最后吃亏的多是自己。即使勉强赢了，也会在男人的心里落下一抹挥之不去的阴影。

生猛的女人、邋遢的女人、算计的女人、拖沓的女人都可能是男人拒绝的对象，可温柔的女人，不管是外向活泼，还是内向恬静，都是男人们竞相追逐的对象。撒娇也是一门功夫，忽视它的战斗力的女人，决不是聪明的女人。

前几天，朋友去新婚不久的同学家做客，回来后便连声叹息，说他的那位同学如何命苦,看来两个人未来的日子恐怕是不太好过。因为他同学的夫人实在是不太容易相处,说话有些颐指气使,不懂得好言相商。比如,老公招待客人入座,想让她帮忙端茶倒水,可那位夫人正忙,没好气地推了男人一下:"你去就是了,没看见我正忙着呢。"男人无奈,只好冷着脸自己进厨房。

朋友仔细观察一番,那位夫人的确正忙着,走不开,指使老公去倒杯水本无可厚非,可她的态度实在有些令人不悦。如果她能说一句"你去嘛,我实在走不开,好嘛好嘛,拜托了"之类的话,不仅中听,还能给自家老公几分面子,让老公忙得舒心,忙得理所当然。

生活需要情趣来点缀,不要以为两人间已经没有秘密可言,哪还有拐弯抹角的心情。如果夫妻之间都需要客气,那岂不是太见外了?还有的女人奉行"妻管严"政策,觉得只有严厉的态度才能让老公听话。可老公是家人,不是犯人,霸道只会让你失去被人疼惜的机会,也只能为生活带来更多矛盾。而说几句撒娇的话,不仅能让生活变得一团和气,还能使奔波在外、身心疲惫的男人感受到更多爱意与家庭的温暖。

当我们埋怨男人总是不听话的时候,有没有考虑过自己的态度是不是值得男人"听话"?为什么有些女人能让男人心甘情愿地为自己服务?难道真的只是因为她们长得漂亮而已?其实事实刚好相反,获得幸福的大多都是平凡的小女人。正因为她们不是特别优秀,才能放低身价,在该软的时候说几句软话。

撒娇的女人不仅为生活带来些许温馨,也能为行将就木的枯燥生活带来新的转机。面对越来越冷酷的世界,每个人的压力都很大,都会承受一些痛苦和失败。会撒娇的女人可以为凝重的生活平添几分柔情蜜意与快乐,她们将女人的成熟蕴涵在憨态可掬的娇声娇气里,既增强了男人的保护欲和前进的动力,也使自己得到放松的机会。

然而,任何一件兵器都有适当的使用方法,撒娇也是如此。它不是骄横、任性、乱发嗲，不是不分场合随意使用的"万金油"，也就是说，撒娇也要撒到点子上，才能起到事半功倍的效果。

喜欢逛街的女人也许时常会在商场、餐厅或路边遇到扮纯情、讲话肉麻的女人。此类女人通常只顾自己嗲得痛快，从不考虑周围其他人的感受。我就曾在商场里遇到这样的一位小姐，她站在专柜旁边，边照镜子边给自己的男友或老公打电话。她大抵是想买一件自己中意的裙子，说话时由于心情过分激动，肢体语言十分丰富，说话声音也比较大。这倒也罢了，只是她说出来的话让人受不了，尽管撒娇的功夫着实了得，但句句都传进了周围人的耳朵，听得人就像吃下了几口肥肉，腻得恨不得找个地缝儿钻进去。旁边的售货员躲在衣架后面偷笑，路人赶紧加快几步向前走，起初在附近闲逛的也都及时转移到别的地方，方圆十米之内竟唯她独尊。可怜她居然一点儿都意识不到别人的态度，挂掉电话后还喜气洋洋。如此撒娇的女人怎么看都没有一点儿可爱的样子，看多了还会使人产生厌恶的情绪。

还有一类女人充分了解撒娇的作用，但错误地以为不管什么事，只要会撒娇就能圆满解决。比如，某些女人说话不靠谱，常常说谎或者放别人鸽子，一旦对方生气便好言好语、矫揉造作地撒娇，想要蒙混过去。前几次还能获得原谅，但日子久了、次数多了，别人的耳朵也起了老茧，对她的人品产生了质疑，撒娇就不管用了。所以，撒娇也要看具体情况而定，不能盲目地认为撒娇可以解决一切问题。

懂得撒娇的女人有人爱，没有哪个男人能够抵挡得住风情万种、柔媚娇态的女人，而撒娇的女人浑身都散发着令人无法拒绝的女性魅力，轻易地就能激起男人的守护欲。试问，有多少男人不愿做护花英雄？只要给男人这样一个虚荣的头衔，他们为你赴汤蹈火也在所不惜。只要动动嘴就能换回如此待遇，这实在是一桩稳赚不赔的买卖。假如你定要与男人针锋相对，争个高下，那么最终他很可能会选择无奈地离开，末了还会说上一句："你怎么就不能像个女人呢?"

如果你是一个渴望被宠爱的女人,那就毫不犹豫地学撒娇吧。总有一天你会发现,做一个幸福的小公主其实也不是什么难事。

善解人意的女人最女人

人生在世,与人为伍,许多人常叹善解我者难求。因此,一个聪明的女人,就要学着去"善解"他人,而当自己在"善解"他人时,他人也将"善解"你。

女人富有幻想,也爱做梦,在爱情占有上是永无止境的。女人永远是甜蜜事业的主角。所有的女人都希望婚姻是爱情梦的一种延续,但男人在实际生活中,因疏忽而犯错误,或无意间说了错话,伤了对方的感情,都可能给爱情蒙上阴影。因此,作为一个善解人意的女人,在魅力的法则上,会给对方更多一些理解。

善解人意的女人是最聪明的女人,是最女人的女人。善解人意的女人最有女人味,善解人意的女人最让爱她的男人放不下。

善解人意的女人很会设身处地进行换位思考。比如在婚姻生活中,她知道躺在身边的这个男人虽然是她今生今世的至亲至爱,但作为一个个体的男人,他那颗心属于她的同时,更多的还是属于他自己;她知道,对于男人来说外面的世界的确比家里要大得多;她还知道这个男人对她很爱恋,但男人的事业还是不同于爱情。

因此,善解人意的女人无论在什么时候都不会把男人当成私有财产,不要求男人对自己言听计从，不会在男人忙于工作时抱怨男人不顾家，也不会要求男人时时刻刻牵挂着自己。

善解人意的女人知道好的男人就像是高空中盘旋的鹰，只有当这鹰很累了想要休息的时候，才会回到女人身边，才会想起享受他的爱慕。

善解人意的女人是娴静的。善解人意的女人该是"守如静女，出如脱兔"里所指的"静女"。就像你不会忽视了挂在厅堂里的一幅淡雅的水墨画儿一样，在大庭广众之中，你也不会忽视了一位安静地独坐一隅的善解人意的女人。

善解人意的女人不会轻易受外界的干扰，任凭一些红男绿女在那里吵翻了天，她仍能独守着那一份娴静。她会专注于你的谈话，你提问的时候，她会轻声地回答。当她高兴地望着你的时候，她脸上的笑窝也是浅浅的，让人联想起荷塘上小鱼儿跃出水面的情景。

善解人意的女人如果结了婚，多半能够成为贤妻良母。她会让自己的小家无论什么时候都干净整洁，让所有的家具、摆设都纤尘不染。她会让一日三餐变化出无穷花样，让丈夫和儿女一年四季总是穿戴得干干净净、整整齐齐，总是像模像样儿地出现在人前人后。她会让家庭的每个成员，走到天涯海角也忘不了她每天为大家冲泡的一杯咖啡、一盏热茶……

善解人意的女人在结婚之前，心是系在父母身上的；结婚以后，心就系在了丈夫和儿女的身上。善解人意的女人是一朵美丽的花儿，她永远娇艳地开放着，为了自己心底最爱的每一个人。

善解人意的女人并不认为自己有多么高贵，犹如美玉从不知道自身的价值。她以一颗善良的心面对周围的一切，按自己的本分做自己应做的事情。

善解人意的女人受到伤害或委屈的时候，只会默默地流泪，只会向最亲密的人倾诉。她不知道该如何反抗，更不懂得什么叫做报复。

善解人意的女人知道男人既刚强又脆弱，而且有的男人把荣誉和面子看得比生命还重,因此善解人意的女人知道在男人的精神世界里有哪些禁区,她总是很小心地不去碰这些禁区,她总是想着不要使男人的尊严受到伤害。

当男人被某种事情纠缠住,男人自己不愿或不便去解决,想求助自己的女人时,善解人意的女人绝不会拿捏,她会在男人还没开口时就去把那件事办妥,过后就当没发生过这件事一样。

善解人意的女人决不会和自己的男人斗气斗勇,决不会像泼妇一样把男人打得像只斗败的公鸡。善解人意的女人知道男人发火90%以上不是眼前这个原因,导火索潜存于男人的情感世界的另一处。

善解人意的女人深知平平淡淡才是真,精心别致的晚餐,生日时的一份礼物,读书写作时送一杯香茗,点点滴滴都是情。

男人们多数都是极具理性的,他们不会因为善解人意的女人谦让而得寸进尺,他们会对善解人意的女人心存感激。在生活的河流上,他们同乘一条船,用风雨同舟显然已经不够了,因为在男人眼里,善解人意的女人不仅仅是坐船的,也不仅仅是划船的,而是帮着男人撑船的。

人生在世,与人为伍,许多人常叹善解我者难求。因此,一个聪明的女人,就要学着去"善解"他人,而当自己在"善解"他人时,他人也将"善解"你。

柔中有刚,刚中融柔

刚可压柔,柔可克刚。女性只要恰当运用自己温柔的优势,就一定能在男人的世界中获得自己应有的权利。

社会、学校、家庭对男女的要求与期望有很大差异。人们总希望男孩子富有竞争力,能够雄心勃勃,能干一番轰轰烈烈的大事业。对女孩子则多是保守型的,希望她行为温顺、妩媚可爱、举止文静。于是,人们总是给予男孩子更多的活动空间,女孩子大多数时间却只能静坐闺房。这种差别造成女孩子从小就对自己的阴柔有了一个固定认识,那就是女孩子是弱的、男孩子是强的。女孩很难战胜男孩,所以最好不要和他们竞争。

社会在不断发展,人们的观念也在不断更新,阳刚亦可柔,阴柔亦可刚。刚可压柔,柔可克刚。女性只要恰当运用自己温柔的优势,就一定能在男人的世界中获得自己应有的权利。

作为一位白领女性,当男同事挑剔你不解温柔的时候,你应该怎么办呢?这应该视具体情况来做决定。当男同事对温柔有着不正确的理解时你要耐心地向他讲明女人温柔的含义,希望他纠正不正确的观念,真正理解你。

温柔不会妨碍你在事业上的进取。一个聪明女人,尽管她在事业上成绩显赫,到了家里却变成了一个温柔的妻子。她们在事业上有着拼搏冲杀的男人气质,在爱情中有着女人"柔"的一面,刚柔相济,往往能够促使爱情和事业共同发展。要让男人感到自己的温柔,职业女性应根除专横、撒泼的恶习。试想,哪个男人愿意娶一个比他更加有男人味的妻子呢?所以,白领女性应该用细腻的感情来体贴男人,送给他一丝温暖和柔情,他才能发现你的温柔可爱。

许多白领女性觉得美丽才是最主要的,没有美丽的外表,就不会有追随的男人,更缺少了拥护的男人。

男人们所追求的往往是可爱的女人,并非有多漂亮,而是需要善解人意的性格。

在男人烦恼的时候你替他排忧解难,在男人高兴的时候和他一起分享,在他劳累的时候闻到的却是咖啡的香味……并不需要做得有多么好,可爱的女人能够缓冲男人工作上的疲劳,能够享受生活的乐趣。

佳佳是一个相貌平平但却十分精干的女子,但在公司里,同事们尤其是男同事不愿意与她共事。

后来,佳佳给公司拉来了好几个大客户,觉得这样就能扬眉吐气了,但是男同事们除了认为她的能干以外,还是对她不冷不热。为什么会这样呢?她反思了好几天,终于有所领悟,是不是自己只知道一味地工作却忽视了和大家的交流呢?她想以一种方式去改变大家对她的看法。于是一天早上,她早早地来到办公室,买来了一大束鲜花,她希望这些美丽的鲜花能给每一位同事带来温馨。整个办公室因为有了鲜花而香气四溢,同事们上班时都赞美这些美丽的鲜花,并且因为有了这些鲜花的陪伴,一整天都精神十足,大家都被这温馨的花香感动了。

佳佳通过鲜花使同事们感受到了她的温柔可爱之处。

一个外表漂亮的职业女性,如果脸上总是带着冷漠的表情,使人感到好像拒人于千里之外一样;说话的时候总是带着刺,总是拿她的好恶来对付别人,男人往往不会接近她,因为哪个男人愿意碰一鼻子灰呀。

所以,你应该学会利用你的温柔,征服你的男同事,因为,男性同胞多半都是喜欢温柔的女孩。同时,女人在社交手腕上要妙方多用,刚柔相济之法是其中重要的一种。女人们完全可以在社交中灵活运用"刚"与"柔"的手腕,用"柔"的心灵、"柔"的微笑、"柔"的语言和"刚"的自主意识以及适时的"刚"的态度,使自己的举止"柔"中有"刚"、"刚"中融"柔",这样就会使自己魅力无穷。

第 3 个礼物

气 质

女人幸福的修心优势

　　有句名言说：女人不是因美丽而可爱，而是因可爱而美丽。女人的最大优势就在于气质，它是征服男人、征服世界的独特武器。女人再漂亮，如果没有气质，就如一朵枯萎的鲜花，只见色彩，却闻不到花香；相反，没有姣好容颜的女人，一旦有气质支撑，便立刻神采飞扬，乃至明眸善睐、风韵动人。

　　因此，不管你是天才还是凡人，也不管你是公主还是平民，不管你是少女还是老妪，不管你是健康人还是残疾人，只要你不甘落后，只要你有气质有希望，成功就会牵动你的心。

气质美令女人卓尔不凡

气质是女人的经典品牌,相对美丽的容貌而言,气质则是厚重的、内敛的,气质是文化底蕴、素质修养的升华。

有一个知名的画家,非常想画一幅天使的画像,他希望这幅画能别具一格,有自己的特色。这个画像不是人们经常看到的那样,而是来源于自己的想象。

他非常渴望找到一个模特,这个人有天使的善良与修养,并有慈悲的气质以及亲和力。但一直找不到太合适的人,直到他遇到了一个山村的姑娘。画家因这一幅画而名扬天下,那位模特也得到了不菲的报酬。

多年后,有人对画家说,你画了最美的天使,也应该画个最丑的魔鬼呀。画家认为他说得很有道理,但到哪里找一位丑陋的人呢?他想到了监狱,终于在那里发现了一个理想的人,然而让他意想不到的是:这个人居然是以前做天使模特的女人。

当女人知道自己将被画成魔鬼时,失声痛哭。女人疑惑地问:"你以前画天使的模特就是我,想不到现在画魔鬼的模特居然还是我!"

画家不解地问:"怎么会是这样呢?"

女人说:"自从得到了那笔钱,我就离开了山村,到处游山玩水,后来还染上了毒瘾,把钱花完之后,为了满足遏制不住的欲望,就去骗人、做坏事,最后案发人狱。"

人性中有善的一面，也有恶的一面。如果女人不能用内涵武装自己，她就会流于庸俗，甚至将人性中恶的一面显现出来。如果女人不懂得充实自己，不懂得做个有内涵的气质女人，即便她曾经是个天使，也会演变成魔鬼。

气质是女人的经典品牌，这是现代人的共识。相对美丽的容貌而言，气质则是厚重的、内敛的，气质是文化底蕴、素质修养的升华。现代的女性越来越讲究"内外兼修"，在气质的修炼上纷纷找准从文化入手的捷径。于是，女人的气质便演化为高贵、性感、情趣、妩媚抑或神秘，让人们在欣赏女人时怀着一种敬畏、一种仰慕。

气质是指人相对稳定的个性特征、风格以及气度。性格开朗、潇洒大方的人，往往表现出一种聪慧的气质；性格开朗、温文尔雅，多显露出高洁的气质；性格爽直、风格豪放的人，气质多表现为粗犷；性格温和、风度秀丽端庄，气质则表现为恬静……无论聪慧、高洁，还是粗犷、恬静，都能产生一定的美感。

在现实生活中，有相当数量的女人只注意穿着打扮，并不怎么注意自己的气质是否给人以美感。诚然，美丽的容貌，时髦的服饰，精心的打扮，都能给人以美感。但是这种外表的美总是肤浅而短暂的，如同天上的流云，转瞬即逝。如果你是有心人，则会发现，气质给人的美感是不受年纪、服饰和打扮局限的。

气质美是丰富的内心世界的外露。它包含了人们的文化素质的提高、知识和经验的沉积以及品德和修养的凝练。品德则是锤炼气质的基石。为人诚恳、心地善良、胸襟开阔、内心安然是不可缺少的。

气质美看似无形，实为有形。它是通过一个人对待生活的态度、个性特征、言行举止等表现出来的。一个女子的举手投足，走路的步态，待人接物的风度，皆属气质。朋友初交，互相打量，立即产生好的印象。这种好感除了来自言谈之外，就是来自作风举止了。热情而不轻浮，大方而不傲慢，就表露出一种高雅的气质。狂热浮躁或自命不凡,就是气质低劣的表现。

气质美还表现在性格上,这就涉及平素的修养。要忌怒忌狂,能忍辱谦让,关怀体贴别人。忍让并非沉默,更不是逆来顺受、毫无主见。相反,开朗的性格往往透露出大气凛然的风度,更易表现出内心的情感。而富有感情的人,在气质上当然更添风采。

高雅的兴趣是气质美的又一种表现。例如,爱好文学并有一定的表达能力,欣赏音乐且有较好的乐感,喜欢美术而有基本的色调感,等等。

气质美在于美的和谐与统一,在于对待事物的认真、执著、聪慧、敏锐,在于淡然之中透出明朗而又深沉悠远的韵味,在于她心中有一座储量丰富的智能矿藏,并且随着时间的推移,不断更新和积淀更厚的内涵,任岁月荏苒,亦能给人一种常新的美丽。

凡是品位出众、举止修养有水准的女人,其举手投足均卓尔不凡,给你耳目一新的感觉。那些走入气质门槛的聪明女人,他们有了悟性,积聚了内涵,具有丰富感和空灵感,形成了风姿绰约的气韵。

"犹抱琵琶半遮面"的含蓄和妖媚
让女人漂亮得更有价值

越是朦胧的、看不清的美,越能吸引人去关注,因为任何人都有想要探知真相的好奇心。而越是暴露在光天化日之下的美,越显得粗俗与廉价,也就令人失去了兴趣。

毫无疑问,漂亮是女人值得炫耀的重要资本之一。尤其是当漂亮的女人置身众多不够漂亮的女人之中,她就会格外得意,举手投足间,时时都在告诉别人:"我很漂亮,我是所有人中最漂亮的。"当然,她也明白人们自有他们的判断能力,可还是抑制不住想要炫耀的冲动。殊不知,如此做法只能引来同性的排斥和异性的反感,根本起不到任何正面的作用。

　　我想,每个女人都会或多或少遇到这种喜欢将漂亮写在脸上的女人。在路边,打扮新潮,迈着自认为优雅的猫步,举着最新款的手机,嗓门像锣鼓一样喧天地讲着电话的女人;在办公室,每天都会穿着名牌服饰,在所有人面前走过的女人;在商场,套着试穿的衣服大大方方地在专卖店里走来走去,还不时摆几个造型的女人;在朋友聚会中,不停地想要表现自己,刻意将话题引入容貌、发型、服饰、化妆品等表面功夫的女人。她们大多对自己的外表很有信心,所以想尽办法吸引旁人的目光,但又有多少人真正在意或接受她们的美丽呢?

　　从心理学的角度来说,人一旦具备某种突出的特质,就会想要展示在别人的面前,为的是得到周围人的认可与称赞。然而,我们是否想过,外貌原本就是人类的表象,每个人的相貌、外形、服饰、装扮都是不由自主地显现在别人面前的,根本就不需要刻意展示和炫耀。如果你明知道别人轻易就会看见,还要故意引起别人的注意,那么,这根本就不是自信的表现,而是一种不自信的表现。因为你无法确定别人是不是认为你是漂亮的,所以才想要进一步确认一下。而这种做法只会让同性感到你在向她们示威,让异性感到你的轻浮与俗气。

　　曾有一位朋友在参加了一场聚会后,对我大谈自己遇到的某个女人。此女自称叫琳达,是某家贸易公司的职员。入场时她拎着大包小包的名牌提袋,据说是刚刚在某家高级商场扫货完毕。众人围桌而坐,还未商量好如何点菜,这位琳达小姐便与旁边的一位男士攀谈起来。朋友心中暗想,自己该不会是遇到喜欢炫耀的女人了吧。果然,整个聚会过程中,这位小姐处处想要彰显自己的美貌,还毫不吝惜地向女士们介绍自己常去的美容院、常用的化妆品和喜欢的品牌服饰,告诉她们如何才能使自己看起来更漂亮。出于礼貌,在座的每个人都没有露出不快的表情。

晚饭过后,其他人都自称还有事,不方便在外面逗留,于是,散了席,各自准备回家。等这位小姐离去之后,相熟的几个人才又重新凑在一起。原来,他们早就心照不宣,不想继续与这位小姐同桌,只好出此下策。

"真是太夸张了,不就是长得漂亮点吗。"其中一位女士毫不掩饰自己的厌恶之情,"就算她长得再漂亮,也用不着这样显摆吧,人家不都看在眼里么。再说,人外有人,比她漂亮的还多着呢。"另一位男士也接过话头:"这样的女人可真够受的,哪个男人娶她做老婆准要倒霉。漂亮的东西一旦被炫耀成这样,也就没什么价值了。"

一件价值连城的商品,若是放在精品柜里供人欣赏,便能体现出它曲高和寡的价值。而若是拿到大街上叫卖,便成了路边摊的便宜货,即使再精致,别人也只会承认它的做工,却不会承认它的内在价值。比如,一尊金佛摆在高级商场里,任谁见到都不会怀疑它的价值,而如果一个人拿着它在路边兜售,恐怕别人只会以为它是做工精致的假货。

外表的"漂亮"也是如此道理。想要"漂亮"得更有价值,就要学会"犹抱琵琶半遮面"的含蓄和妩媚。越是朦胧的、看不清的美,越能吸引人去关注,因为任何人都有想要探知真相的好奇心。而越是暴露在光天化日之下的美,越显得粗俗与廉价,也就令人失去了兴趣。

而今,网络的发展还为许多喜欢炫耀的女人提供了一个更加广阔的平台。各种各样的照片、视频和文字随处可见。只要我们在各大论坛、视频网站和博客里留意一下,就不难发现女人们的热情似乎越来越高涨。PS的技术更是可以弥补先天的不足,使每个人都可以做一回倾城佳人。但被毫无节制地展示的脸蛋和身段又能说明什么呢?不过只是能博得诸君的一点赞叹或者一笑罢了。

有的女人说:"我就是爱晒,这叫自恋,这叫性格。"那拜托你晒点儿更有价值的东西吧。你可以晒钱、可以晒才、可以晒幸福,但最好别晒漂亮的脸蛋。实在想要确认自己是不是真的漂亮,可以去选美。无端地炫耀既不能带给你名,也不能带给你利,还容易引起周围人的反感。不如好好想想如何利用自己漂亮的先天优势,再加几分才华、几分能力、几分魅力,你就真的可以技压群芳、傲视群雄了。

矜持令女人像莲花一样
"出淤泥而不染,濯清涟而不妖"

现代女人有现代女人的矜持之道,那就是外表随意、内心坚强。文静而不呆板、热情而不浮躁、温柔而不做作、清高而不冷漠,实为女人矜持的最佳尺度。

"矜持"是一个有点儿老旧的词语。很多年前,女人们喜欢隐晦地表达自己的感情,尤其是爱慕之情。所以,在面对男人的邀约时明明满心欢喜,却要一再拒绝,最终把自己喜欢的人拱手送给了别人。

现代社会的快节奏使得多数男人失去了欣赏矜持的心境,女人们也索性卸下了这个包袱,变得直爽起来。喜欢就直接说喜欢,爱上了就告诉他"我爱你",能不能如愿听天由命。能如愿固然是好,如果不能也无所谓,立刻转身走开,去寻找下一个目标。久而久之,女人们觉得这样做既省时又省力,于是果断地将矜持请进了博物馆。

而现在,我又打算将它从博物馆里拿出来晒晒,因为在我看来"矜持"不仅仅是在男人面前的自重,还包括保持庄重、自我约束、恪守正统等含义。如此看来,对于女人们来说,"矜持"就成了一种不可或缺的态度。如果抛弃了矜持,就抛弃了庄重、约束、恪守正统,就会变得自负、自大、放荡、散漫。试想,一个自由放浪的女人怎么谈得上优雅、气质、魅力呢?盲目的矜持态度当然需要改变,可完全失去矜持的态度,女人便会失掉自身的价值。

矜持是女人自我保护的手段。在花花世界里畅游的女人们,难免会遇到各种各样的诱惑,而矜持的态度会帮助女人抵御那些居心叵测的伤害。俗话说:"一个巴掌拍不响。"没有人去迎合诱惑,那么诱惑便无处作祟。而那些心甘情愿抛弃了矜持的女人,就是诱惑最好的攻击对象。

几年前,我遇到过一个视矜持如粪土的女人。她在朋友圈中是开放、前卫、流行的代名词,说话直率、俗气,与人接触也是从不避讳,遇到中意的男人更是爽快地将自己双手奉上。表面上看,她周围的朋友很多,男人们更是频频献殷勤,所以她也就乐在其中。如果你与她讲矜持,她一定会笑你老土。

就这样风风光光地过了几年,等到她快要 30 岁的时候,忽然开始对自己的态度产生了怀疑。原因是她想像朋友们一样找个人嫁掉,安安稳稳地过后半生的日子,却怎么都找不到。那些曾对她海誓山盟的男人,一个个都悄无声息地名花有主,从她的生活中远去。而她主动表白过的几位优秀男士也找各种理由推脱。她怎么都想不明白,自己要相貌有相貌,要能力也有能力,怎么还比不上那些平庸的女孩?后来,在她一再追问下,某人才直言相告:"像你这么开放的女人,好男人怎么会愿意担这个风险。话虽不好听,可她还是明白了其中原委。换个角度想想,别人说的何尝没有道理。

男人们大多认为:没有不坏的女人,只有不敢坏的女人。而矜持就是女人的一层防护罩，放弃矜持的女人远比固守矜持的女人更容易变坏。所以，感情游戏当然要找玩得起的坏女人，而一辈子的幸福还是留给不敢坏的女人好些。如果你是男人，也会这样想吧？不要以为男人真的喜欢不矜持的女人，只不过是因为不矜持的女人更容易上钩而已。一旦男人们想要认认真真去付出感情，是不会选择这种不可靠的女人的。由此可见，玩世不恭的女人丢掉的不仅仅是脸面，更是身为女人的尊严和后半生的幸福。

然而，女人们想要学会矜持，也不是一件简单的事。也许你会说，"矜持"不就是遮遮掩掩、欲说还羞吗，这有什么难，只要学会在愿意的时候说"不"就行了。事实上，矜持也在随着社会环境的改变而不断变化。我们不能像古代女人那样拼命地矜持，现代女人有现代女人的矜持之道，那就是外表随意、内心坚强，文静而不呆板、热情而不浮躁、温柔而不做作、清高而不冷漠，实为女人矜持的最佳尺度。

矜持是一种内外兼修的气质，也是一种高贵的品格，它体现了一个女人的涵养，是魅力女人必修的功课。但这种功力并不是一天两天就能练成的，只有你的内心真正认同，并且变得高洁起来，才能做得恰到好处。如果只是为了矜持而矜持，反而会给人做作之感。更不要去模仿别人的矜持，不然只能得到邯郸学步的结局。想要学习矜持，不妨从现在开始，在岁月中积累与沉淀，当善良、温柔、自立、坚强等美好的品质渐渐会聚在你的心中，你的形象便会越来越完满。

请不要再傻傻地询问"矜持究竟是好还是不好"，任何事物都需要从正反两方面来看待。盲目和过度的矜持会让你错过真爱，而适度、恰当的矜持却可以令你像莲花一样"出淤泥而不染，濯清涟而不妖"，还会带给你一生的幸福，你说矜持究竟是好还是不好？

学会弥补自身缺陷,使自己变成
具有独特风格的女人

懂得如何弥补缺陷的女人才能时刻将自己优秀的一面展现出来,不管是美丽的外表,还是人格魅力,都需要恰到好处地遮盖缺陷,才能散发出无尽的光芒。

世间的任何事物都无法完美,因而缺陷实在是一种必然的存在。有了缺陷就要想办法弥补,这也是人之常情。然而,在谈到弥补缺陷之前,我还想表明一点,那就是弥补缺陷并不等于追求完美。因为追求注定无法实现的东西是不明智的,也是没有意义的,那完全是自己在与自己较真儿。我们真正需要做的,只是在恰当的时机与场合中,避免让自己的缺陷暴露在人前,而惹来尴尬的场面;或者在激烈的竞争中扬长避短,尽可能地将自己美丽的一面展现出来,就已经够了。

对于女人们来说,外表的缺陷是最直接也是最令人伤心的。毕竟,我们每天都要面对形形色色的人,谁不想拥有能让人赞不绝口的外表?可天不遂人愿,多数女人在这方面都难以如愿,于是就诞生了许多教女人弥补外表缺陷的方法。

比如,在容貌方面,女人们除了要学会适合自己的化妆方法,还要了解脸形与发型的搭配,不能市面上流行什么就做什么。再比如,身形方面,要靠适当的穿衣方法来弥补。身材矮小的、肩部过宽或偏窄的、腹部突出的、臀部丰满或扁平的、四肢较粗的,在选择服饰的时候都有许多需要注意的细节,这些几乎是任何女人都会去关注、去留意的问题。而性格、学识、涵养、习惯等内在方面的缺陷却是女人们较少关注的，这不能不说是女人们的失误。

或许外表缺陷的弥补的确轻松一些，也方便一些。只要多看、多听、多记，再花点钱就能解决。而内在的缺陷大多已经成为一种习惯，弥补时既费时又费力，偶尔还会做无用功。所以，女人们对于内在缺陷通常都采取置之不理的态度。而聪明女人之所以聪明，就在于她们不会忽视自己的内在缺陷，而会尽量减少这些缺陷暴露在人前的机会。这样做会使自己看上去更加完美，从而避免在竞争中被淘汰。

安安是众人眼中的优秀女人，常常有要好的姐妹们向她请教，如何才能让自己变得像她一样完美。对此，她只是笑笑，对她们说："其实我也并不完美，只是我特别留意弥补自己的缺陷，所以才会给外人造成如此错觉。"而后，她向姐妹们讲述了自己是如何弥补缺陷的。

比如，刚刚面试成功的时候，安安对公司业务方面的流程一点也不熟悉。于是，她利用上班前一周的时间，向在其他公司从事相关工作的朋友请教。在朋友的耐心指导下，安安不仅了解了工作流程方面的知识，还对各种方法有了基本的认识。随后，她又针对公司的业务范围，在网络上搜索了大量资料，学到了许多行业内部的知识。由于有了一定的基础，上任之初，安安就能独立完成一些相对简单的基本工作，而其他新人则不停地向前辈问这问那。不过，安安并没有孤立自己，也没有骄傲，在其他人请教问题的时候，她也会耐心地在一旁听前辈解答或演示，这样，无形之中就沾了别人的光。部门领导看在眼里，喜在心里。安安很快就凭借优异的表现，提前结束了试用期。

再比如，安安知道自己生来就是急脾气，尽管这有助于提高她的工作效率，但她知道如果不好好控制，就容易得罪人。因此，她总是想方设法克制自己的脾气。在想要发脾气的时候，强迫自己保持沉默，一定要把那些不好听的话咽进肚子里。日子久了，渐渐养成习惯，也就不那么难掌控自己了。

在同事们眼中，安安业务能力出众，脾气又好。可又有谁会知道，她只不过是避免将缺陷暴露在人前，及时弥补而已。

懂得如何弥补缺陷的女人才能时刻将自己优秀的一面展现出来，不管是美丽的外表，还是人格魅力，都需要恰到好处地遮盖缺陷，才能散发出无尽的光芒。如果有哪个女人在你的眼中是完美无缺的，请记住，你要效仿的并不是她的美丽和魅力，而是她弥补自身缺陷的方法，一旦你学会了，就会变成具有独特风格的完美女人。

个性飞扬，让女人更加与众不同

内在个性是一种自然的流露，无须刻意表现。如果你觉得自己的内在个性不够鲜明，只要通过不断地积累与发掘，就可能找到适合自己的新事物。

"个性，是一个人区别于他人的，在不同环境中显现出来的，相对稳定的，影响人的外显和内隐性行为模式的心理特征的总和。"这是心理学教材中给出的定义。而从日常生活的角度来说，个性就是人的整体精神面貌，是一种纵横交错的复杂存在。

曾几何时，"个性"之风悄然吹起，大街小巷中的人们为之振奋，人人口中都喊着"看我多有个性"、"这叫个性"。又有多少人为了表示自己"有个性"，做出许多令人匪夷所思、瞠目结舌的荒唐事。似乎有很多人认为，个性就是与别人不同，凡是与主流做法背道而驰的都叫个性。后来，随着心灵的成长与成熟,人们渐渐意识到个性并不是非主流,它不过是每个人区别于其他人的标志而已。世界上没有完全相同的两片树叶,也没有完全相同的两个人,而个性恰好就是每个人独特的表现。

个性有表面的,也有内在的;有鲜明的,也有隐晦的。但不管什么样的个性都需要表达,也就是所谓的彰显个性。放开那些大道理不谈,我们只需要明白怎样让自己的个性飞扬,又不至于沦为哗众取宠就已足够。

首先,来看看外在个性是如何被表现的。

生活中,我们被各种各样的个性装饰品与生活用品所吸引。铺天盖地的个性签名、个性图片、个性礼品、个性玩偶,等等,还有些商品大打个性牌,纷纷表示自己是这个时代最能体现个性的用品。于是,为了体现个性,不少人毫不吝惜自己原本就不富裕的钱包。可是如此付出真的能换来个性吗?比如,某品牌的手机声称自己的外观与独特设计如何如何个性,那么是不是你真的买了,就能获得与别人不同的个性?

我们不妨来分析一下,假如你在某款个性产品上市之初购买了它,那么它的确能够带来"个性"的效果,因为那个时候使用的人还不够多。而随着产品的普及,它的个性也就会消失。因此,追求个性的人们又要去寻找下一款全新的产品。女人们频繁地购买新服饰,频繁地更换自己的手机、笔记本电脑等数码产品,都属于此类。新产品的定价往往比较高,追求个性的女人们背负着压力不断地购买个性产品,也着实很辛苦。

那么,我们再想一想,假如我们去购买一件处于大众视线边缘的产品,又会如何呢?由于使用的人不多,它不会很快就显得过时,也能从众多时髦与流行中脱颖而出,这未尝不是另外一种个性。也许有人会说,那种东西怎么能用呢?那不是被别人淘汰的东西吗?我想问的是,你一定要跟着别人走吗?所谓个性,难道不是与别人不同吗?时刻站在潮流前端的个性,又有多少人能承受得了?做不了潮人,做个恬淡的人也是一种个性。当别人都去追求最新的流行款式，你淘到一件清新的田园风衣，走在大街上你未必就会输给人家。当然，别样的个性并不等于不合时宜的另类。对于既不想融入人流，又没有足够的经济实力与时尚赛跑的人来说，最容易陷入另类的尴尬：比如，穿着与时代不符且华丽的服饰走在大街上；化着诡异的妆容去赴宴；戴着夸张的复古饰品却没有适当的服装搭配。如果你不想被别人当笑话看，还是尽量不要施展自己的奇思妙想。不然，很可能既达不到预期的效果，又会颜面扫地。

还有一种凸显个性的方法，就是在同一空间里避免与别人雷同。这种方法或许不能为你在大街上赚足回头率，但对于普通上班族来说也颇为适用。我有一位特别会穿衣服的朋友，她的秘诀就是：及时了解周围的人都拥有什么样的服饰和用品，并且尽量选择与她们不同的穿着和用品。因为公司里的女人比较多，大家常常讨论最新的流行服饰与搭配，又经常逛同一家专卖店，所以每个人的服饰从品牌到款式都非常容易雷同。于是，我的这位朋友就想出了这个方法，买东西的时候尽量避开公司同事们追求的品牌和款式，这样就使得她在公司里成为众人眼中最有个性的女人。怎么样，这比那些跟在同事后面学样的女人要聪明多了吧？

除此之外，无论怎么表现个性，都不能犯下"邯郸学步"的错误。适合自己的才是最好的，这是尽人皆知的真理。

其次，来看看内在的个性是如何被表现的。

每个人都有自己独特的爱好和习惯，比如对音乐、书籍、电影、游戏的喜好，说话的习惯、独处的习惯，等等，这些都是内在个性的体现。它们与人的思想、文化、内涵、修养有很大的关系，因而这些个性也体现了一个人的内在素质。与外在个性相比，内在个性更能代表一个人的本质。比如，有些人装扮时尚，但说起话来却显得粗俗，旁人对她的印象就会大打折扣。如此看来，内在个性就显得尤为重要，但它却不是一朝一夕能够培养起来的，更不是装出来的。那些为了显示个性而故意装样子的人，早晚有一天会露出马脚。

有一次，我和朋友一起去咖啡馆小坐时，遇见一位昔日的同学，她正坐在角落里边喝咖啡边读书。既然好不容易有机会碰面，总要打个招呼。我拉着朋友一起，3人坐在同一张桌子旁聊了一会儿。我发现她正在读的书是杜拉斯的《广岛之恋》，就随口问了几句。她立刻说起这是一本如何好看的小说，根本不能与市面上流行的低劣畅销书相比。恰好我与朋友都喜欢读书，就不约而同地和这位同学聊起了杜拉斯。但话题开始不久，我们就发觉她似乎并不愿意说太多，总是支支吾吾说不出个所以然来。出于礼貌的缘故，我们只好转移了话题。后来，我与朋友单独相处的时候，朋友才笑着说我的这位同学可真会装个性，明明对杜拉斯一无所知，还要跑到这种地方来读她的书。

我想我的那位同学大概是紧跟流行趋势，听说小资的女人一定要读杜拉斯，所以也拿来装装样子。其实，从大众的欣赏角度来看，杜拉斯的作品有些晦涩难懂，本不该有那么多人津津乐道。可也许正是因为难懂、小众，才让很多人觉得这是一种个性的体现。可事实上，够不够个性与读不读杜拉斯根本没有任何关系，每个人都会有自己的欣赏口味，不能说读杜拉斯的人就高雅，不喜欢杜拉斯的人就俗气。个人爱好与欣赏习惯都是装不得的，不然一旦遇到了真正的行家，就难免捉襟见肘。

内在个性是一种自然的流露，无须刻意表现。如果你觉得自己的内在个性不够鲜明、不够另类，只能通过不断地积累与发掘，才可能找到适合自己的新事物。

总而言之，每个人都有自己独特的个性，关键在于如何将它们凸显出来。先深入地了解自己，再选择恰当的方式表现，未来的你定会变得更加与众不同。

时刻保持魅力的女人，才能赢得所有人的目光和关注

魅力是可以千变万化的，只要发挥出自己的特质，任何一个女人都有属于自己的魅力。而这样的魅力刚好有利于保持，不会轻易消失。

"如何做魅力女人"、"如何提升女性魅力"、"女性魅力关键词"等话题一直以来都吸引着广大女性同胞，各式各样的魅力修炼教程也随处可见。每个女人对"魅力女人的标准"、"提升魅力要注意的细节"之类的问题多多少少都了解一些，那为何真正拥有魅力的女人还是稀世珍宝呢？说穿了，无非就是因为多数人说得到，做不到。

也许你曾拿着书本学做魅力女人，按照里面的要求和标准留心自己的穿着打扮和言行举止，但那不过是几分钟热情。几天、几周、几个月之后，你是还能坚持生活在这些条条框框里，还是重新回到过去的"自由"当中？恐怕是后者居多吧。因为你没有将这些规矩变成自己的习惯，所以它们早晚会被当做负担丢掉。就像你学习一门功课，但无论如何都记不住，只能依靠每天温习来保持记忆，久而久之你就不再喜欢它，不再热衷于学习它了。魅力也是如此，你将它当成一种功课来学习，起初可能会激情澎湃，但如果你无法吸收它、消化它，它就会成为一件华丽而沉重的外衣，最终只能被脱下。

魅力有许多标准——优雅、知性、健康、性感、时尚、睿智、风韵、大气、妩媚，等等，想要做到面面俱到几乎是不可能的。真正的魅力女人也并非全

能，她们只是做到了自己擅长的多数而已。所以，按照书本的要求全面修炼自己就显得得不偿失。不妨在具备了基础条件之后，选择几点适合自己、能够长期保持的特质继续努力，也许就会离魅力越来越近。

年轻有青春的魅力，年长有成熟的魅力。不够性感的女人可以可爱，不够时尚的女人可以清新，不够妩媚的女人可以温婉，不够睿智的女人可以单纯。魅力是可以千变万化的，只要发挥出自己的特质，任何一个女人都有属于自己的魅力。而这样的魅力刚好有利于保持，不会轻易消失。

当然，我们需要一些毅力来完成魅力的修炼，三天打鱼两天晒网肯定是不行的。人都有惰性，但不能让惰性妨碍我们的大业。也许你的工作真的很忙，但这绝对不是懒惰的借口。只要养成习惯，修炼魅力不会耽误太多时间。比如，外出前照镜子，面带微笑，控制说话时的语音、语调和语速之类的日常小节，只需几分钟的时间就可以养成。而锻炼、阅读之类的功课就要考验你的耐性与毅力了，但它们也不会花费太多时间，只要你学会掌控自己的时间。

曾有人问起全美最大的美发业连锁机构总裁"你怎么会有那么多时间做那么多事情?"他的答案只有一个词："组织。"安排时间是一门学问，只要有心想要做好，就会有时间去做。如果你每天还能拿出半小时的时间玩玩游戏，那么不妨将这半小时用来运动，要知道健康是魅力的根本。如果你每天还能拿出半小时的时间发发牢骚或者上网，那么不妨将这半小时用来阅读，要知道头脑已经成为魅力的重点。魅力的修炼与保持会让人变得自律、有节奏感、有制约力，这些好习惯对于工作和生活也都非常重要。

而假如你自认拥有了魅力的资本，可千万别忘记保持神秘感。朦胧会引发无限遐想，激发人们的探索欲望。能将有限的魅力发挥成无限，才是魅力的终极目标。

做一时的魅力女人并不难，难的是做一个时刻保持魅力的女人。想要赢得所有人的目光和关注吗?老老实实地修炼自己的魅力吧。

兴趣和爱好是打造女人迷人魅力的秘诀

想要成为富有魅力的女人，不仅要注重外表的修饰和内在文化的修养，更应该重视自己的兴趣与爱好，只有这样才能长久地保持神秘感和对异性的吸引力。

拥有迷人的魅力是每个女人的梦想，因此，有成千上万的女性在寻找打造迷人魅力的秘诀。想要成为富有魅力的女人，不仅要注重外表的修饰和内在文化的修养，更应该重视自己的兴趣与爱好，只有这样才能长久地保持神秘感和对异性的吸引力。

现代女性一般都有一份属于自己的工作，工作是让一个人稳定且有规律地生活的保障，不应该放弃。有一份工作让你知道每天可以有地方去，有时候你会觉得受益于此。可是几乎所有人都讨厌自己的工作，正所谓"干一行厌一行"。要从别人口袋里赚钱的事情总是有外人不知道的难言之处。

而女人下班后的生活其实相当乏味单调，往电视机或电脑前面一坐，时间哗哗地大段地溜走。只要一看电视，你就什么也干不了了。这是一种懒惰的惯性，坐在沙发上，哪怕节目十分无聊幼稚，你也会不停地换台，不停地搜寻勉强可以一看的节目，按下关闭键显得那么困难。很多的女人在工作以外都是这样的"沙发土豆"。黄金般的周末，多半也是在不愿意起床、懒得梳洗、不想出门中胡乱度过。同时，几乎所有人都在抱怨没有时间，真的有时间的时候又不知道该如何打发，只是习惯性地想到睡觉或"机械运动"——看电视、玩一款熟得不能再熟的电脑游戏。事后又觉得懊恼，心情愈加沉闷。

这就需要作为女人的你，在 8 小时以外能够培养一种自己的兴趣，在增长自己知识的同时提升自己的品位！闲暇时间说多不多，说少却也不少。为了打发时间，也应该培养一门高雅的兴趣爱好。

兴趣是一种人们喜好的情绪，不仅能够丰富人的心灵，而且还可以为枯燥的生活添加一些乐趣，同时还能借着它对社会有所贡献。所以，一个人只要为自己的兴趣去追求和努力，兴味盎然地去做一切事情，就能把生活点缀得更加美好。

人有各种各样的爱好，这完全依个人的兴趣而定，有高雅艺术方面的，也有在生活中形成的一些习惯。总之，只要自己喜欢做，又有一定追求价值的都可以，如插花、绘画、烹饪、游泳等。

还要特别记住，爱好只是一种乐趣而不是日常工作。爱好的事物都是喜欢的，只要喜欢就做，用不着担心是否可以完成。在过程中体验乐趣，这才是爱好的真正意义。比如说画画，不一定非得画得完完全全，不一定非得有什么主题，即兴发挥、兴趣所至就行。

试想，一个女人虽具有美若天仙的容貌，但如果没有一点自己爱好的东西，也没什么目标，整天默默无闻地跟在男人身后，没有自己的事情可做，那么，外表的美会变得非常脆弱，而她也没有什么魅力可言，任何有品位的男人都不会欣赏这样的女人。

晓颜今年 20 岁，长得清秀可人，并且还拥有优美的魔鬼身材，见过她的男孩无一不对她爱慕倾心。在众多追求者当中，女孩看上了优秀的小辉，并且答应做他的女朋友。"天有不测风云"，在他们交往还不到半年的时间,小辉突然提出要与她分手,女孩向小辉询问分手的原因,他没有回答,只是默默地走开了。女孩很伤心,但由于身边的追求者较多,很快她又与一个叫李彬的男孩交往了,但交往了大概 3 个多月,李彬也向她提出了分手。这对于女孩来说,无疑是一个晴天霹雳的打击,她不明白自己有如此靓丽的外貌,为什么小辉和李彬还会选择与她分手?难道自己就那么不讨人喜欢吗?她心中有着各种难以解开的疑问,于是又向李彬寻问分手的原因,李彬无奈地说:"知道吗?我第一次见到你,就被你的外貌迷倒了,我从未见过如此美丽的容貌,足以将人融化,令人为之心动。还记得当时的那个画面,温温的、暖暖的声音,还有你浓浓的柔情眼神,让我就这么地陷了进去,而无法自拔。但和你交往的这几个月,从来没有听你说过自己喜欢什么,对什么比较有兴趣,平时问你想要去哪里玩,你总是说无所谓,哪里都行。我一直都很喜欢有情调的女人,讨厌盲目的女人,晓颜,我们分手吧,你的没有主见让我窒息。"说完这几句话,他转身而去,没有任何的犹豫,任何的停留。

如果女孩有自己的主见,有自己的目标,有自己的爱好,或许他们会有美好的未来。但一切都晚了,是这种盲目使她的幸福从自己的手中偷偷溜走。可见,发展个人的兴趣与爱好对于女人来说有多么重要,它影响着一个女人独有的气质,甚至未来的幸福。

羞涩的神韵，让女人变得更加耐人寻味

"犹抱琵琶半遮面"、"插柳不让春知道"的神韵，更能为女性的朦胧美增添神秘的色彩，给人们留下无限的遐想空间。

"最是那一低头的温柔，像一朵水莲花不胜凉风的娇羞。"徐志摩这广为流传的两句诗可谓是写女性娇羞美的经典之作了。

一提"红颜"，谁都知道是指美貌女子而不是男子，"红"字不止于面部的青春红润，更重要的是与羞涩有直接关系。绯红的羞涩象征着女性，但它往往稍纵即逝，所以古往今来，女性学会了用胭脂粉饰面颊，起到了羞涩常驻的效果，有助于强调女性羞涩的气质美。试想，一位情窦初开的少女，粉颊飞红，垂目掩面，如初绽之桃花，能不让人赏心悦目吗？

历代文人骚客都注意到了女性的羞涩之美，故有出色的描写。曹雪芹在《红楼梦》中写宝、黛共读《西厢记》时，宝玉自比作张君瑞，戏曰："我就是个多愁多病的身，你就是那倾城倾国的貌。"黛玉听了桃腮飞红，眉似蹙而面带笑，羞涩之情跃然纸上。

现代作家老舍认为："女子的心在羞涩上运用着一大半。一个女子胜过一大片话。"不难看出，羞涩也是女性情与爱的独特色彩。羞涩朦胧，魅力无限。康德说："羞怯是大自然的某种秘密，用来抑制放纵的欲望，它顺其自然地召唤，但永远同善同德并和谐一致。"羞涩之色犹如披在女性身上的神秘轻纱,增加了她的迷离朦胧。这是一种含蓄的美,美的含蓄,是一种蕴藉的柔情,柔情的蕴藉。

羞涩,不是现代女人的专利,它是人类文明进步的产物。羞涩是人类独有的,羞涩是人类最天然、最纯真的感情现象,它是一种心理活动,当人们因某事或某人而感到难为情、不好意思时,即会表现出羞涩的神情。内部表现为甜蜜的惊慌、异常的心跳,外在表现就是脸上泛起红晕。那是女人个性美的表现形式,是一种特有的魅力。

羞涩,同样可以作为一种感情信号:它的产生往往是因为陌生环境、场面触发了紧张的情绪, 还有一种可能是被异性触动了内心深处的感情。有一首诗曰:"姑娘,你那娇羞的脸使我动心,那两片绯红的云显示了你爱我的纯真。"由此可见,羞涩对展现女人含蓄风情的重要作用。

有人说:"羞涩并非是女性的专利,男性同样有羞涩的时候。"的确,男性同样会有羞涩的表情,但男性的羞涩却不会把男性的阳刚美凸显得更加迷人,而往往使男人变得狼狈可笑;而女性却截然不同,羞涩时的盈盈笑脸被认为是合情合理的,不但不会给人留下狼狈的印象,还会令他人更加喜爱,为她们的羞涩而着迷。所以说,羞涩是女性独具的风韵。

如果在女性丰富的感情世界中缺少了羞涩,这个女人经常会被看成是厚颜无耻。所以说,羞涩是女人个性的一种体现,体现出女人之所以是女人的特质,是女人特有的本性。

"犹抱琵琶半遮面"、"插柳不让春知道"的神韵,更能为女性的朦胧美增添神秘的色彩,给人们留下无限的遐想空间。在羞涩的表情中闪耀着谦卑的光辉,在为女性提高魅力指数的同时,也将她们高深的涵养体现得淋漓尽致。

女性的柔性美本来就可以使人们为之陶醉,再加上羞涩的神韵,更加深了女性神秘的色彩,给人们留下了极其广阔的思考空间,让女人变得更加耐人寻味。

然而，正像曾经看过的一篇文章中说的那样，羞涩的女人在现代已经成为稀有化石了。在这个审美迷离的年代，女性越来越开放，能使睫毛翘起来的无限长的加密睫毛，液体眼睑，棕榈海滩色面颊，烈焰红唇和野性乱发，21世纪的魅力女性正变得越来越咄咄逼人。很多女性渐渐地将羞涩同保守和老土画上了等号，这个时代似乎是一个羞涩没落的时代。

这并不是说大方爽朗的女性就不好了，事实上羞涩与大方爽朗并不抵触，我们这里所说的羞涩是指某些场合下内心感情的一种真挚的体现，尤其是同男性交往的时候，如果适时地表现一下你的羞涩，绝对会起到意想不到的结果。

试想一下，如果同自己心爱的人在一起的时候，你因为他一个善意的玩笑或者一句发自内心的赞美而娇羞满面，那是一幅多么美丽的图画啊！所以，适当的羞涩是增强神秘感的又一法宝，聪明的女人都是深谙这一点并善加运用的。

一朵娇羞的花朵是美丽的，一个充满娇羞的女人也是美丽的。羞涩是女性的专利，它可以将女人含蓄的风情展现得更加诱人。当女性因害羞而两颊充满红晕时，那便是她最美的时刻。

书是女人气质的时装

知识是最好的美容佳品，书是女人气质的时装。书会让女人保持永恒的美丽。书更是生活中不可缺少的调味品，让你感在其中，品在其中，回味无穷。

著名作家林清玄在《生命的化妆》一书中说到女人化妆有三层。其中第三层的化妆是多读书、多欣赏艺术、多思考、对生活乐观，培养自己美好的气质和修养，充实心灵，陶冶性情……的确，读书为女人带来了最美妙的时光，当她沉浸于书海中冥想或会心一笑时，可以称得上是人间最可爱的天使。

有这样两姐妹，姐姐身材高，脸蛋美，如花似玉，但街坊邻居觉得她有些轻浮。妹妹个子矮，鼻子塌，邻居都叫她"丑小鸭"。姐妹两人长相有很大差距，个性也大相径庭，唯一相像的地方就是两人脸上都长有雀斑。

姐姐经常去做美容，每月的工资几乎都花在了美容上。她觉得脸上的雀斑是个遗憾，想尽办法遮盖它，然而美容却遮盖不住她心中的俗气，与其交往的人不久就会厌倦她，因为她眼中除了美容就是钱。

妹妹则喜欢读书，每逢假日必去书店。她的工资除了生活中必要的花销外，几乎都用在了买书上。她读了很多书。她从英国诗人艾略特的书中品尝出人生的深奥，眉宇间增添了思考的睿智；从海伦·凯勒的书中咀嚼出战胜自我的力量，从自卑的困扰中走了出来；从中国古典名著中学会了做人的谦恭，使她多了一分书卷气……

时间久了，妹妹的言谈举止中自然流露着一种脱俗的魅力，连她脸蛋上的雀斑也显得很俏皮。很多人都愿意与她交往，有一些疑难问题也都爱找她帮助，慢慢地，她的朋友也多了起来，成了大家关注的焦点。

高尔基说："学问改变气质。"读书是气质、精神永葆青春的源泉。读书又是不分年龄界限的，年年岁岁都是读书女人的芳龄。和书籍生活在一起，永远不会叹息。知识是最好的美容佳品，书是女人气质的时装。书会让女人保持永恒的美丽。书更是生活中不可缺少的调味品，让你感在其中，品在其中，回味无穷。

当今社会，聪明的女人俯拾皆是，品学兼优、相貌端正、家世显赫、知书达理、个性温和的女子大有人在，她们不管走到哪里都是一道靓丽的风景线。她们可能貌不惊人，但却有一种内在的气质：幽雅的谈吐超凡脱俗，清丽的仪态无须修饰，那是静的凝重，动的优雅；那是坐的端庄，行的洒脱；那是天然的质朴与含蓄混合，像水一样的柔软，像风一样的迷人，像花一样的绚丽……这一切都源于读书，要读书，好读书，读好书，女人修内首先要读书，读书可以汲取很多从古到今的精华。

读书是人生一种最好的时尚。它美容养颜，它有故事情节，有爱恨情仇，处世之道，为人的分寸，所有的疑惑，书里都会为你指点迷津。读过书的女人，思维活跃，心境开阔，通情达理，人见人爱，与她们相处就犹如身处一种和谐、宽容的环境里，心情愉悦，心花怒放。

所以，读了书的聪明女人，就连面部皮肤也自然而然地变得丰润而富有弹性，美丽得让人无可挑剔。读书的女人，她们以聪慧的心，宽广质朴的爱，善解人意的修养，将美丽写在心灵上。读书，使她们更潇洒；读书，为她们添风韵。她们即使不施脂粉也显得神采奕奕、风度翩翩。

读书，滋润女人的心灵，让她们知道怎么才能找到解决问题的办法。她们智商比较高，能把无序而纷乱的世界理出头绪，抓住根本和要害，从而提出科学解决问题的方法，拒绝盲目；她们做的每一步都是深思熟虑过的，而这些正是平时读书少的人所欠缺的。

一个聪明的女人懂得从书本中增加自己的知识与见识。读书的女人是有魅力的女人，魅力是女人的护身符，它是比美丽更有价值的东西。女人的美丽会因岁月的漂洗而褪色，花开花落终有时，而女人的魅力却会因岁月的淘洗而放出耀眼的光华，会因岁月的深藏而散发出醉人的醇香。

读书的女人是聪明的女人，物质上追求简单的生活，灵魂中却有繁杂的要求。这样的女人身上蕴藏着极大的能量，因为她知道什么可以放弃，什么必须坚守。只有成熟的女人，才会生成自己独具的内在气质和修养，才会有自信，才会有岁月遮盖不住的美丽。这是从内到外统一和谐之美丽，从知

幸福女人给自己的 11 个礼物

识中增长自己的见识,理性的思考给予她属于自己的头脑,女人的神韵里就有了坦然和自信。知识为她过滤尘俗的痛苦,使她有力量抵御物质的诱惑,并超越虚浮的满足而变得强大丰富。

不断地读书学习能使女性更富有魅力。女人生得国色天香、倾国倾城,确实令人赏心悦目。可是如果美丽的外表下没有足够的文化底蕴,人们往往会说是"金玉其外,败絮其中"。所以,女人应该不断地学习知识与增加自己的见识,这样才可以成为一个有永久魅力的女性。

特殊的个性,造就一个女人的独特魅力

一个有个性的聪明女人,自身有独到的吸引人之处,能更好地处理人际关系,从而赢得人们与社会的尊重。这样的女人无论是在工作上还是在生意场上,都能获得最大的成功。

个性色彩强烈的女性,常具有一种震撼人心的魅力,这是因为她常能掀起心灵的风暴,从风度、气质上表达丰富的内心世界和深层的吸引力。她们大多具有很强的自尊心、自信心和进取心。

特殊的个性,会造就一个女人的独特魅力,这种魅力会使你有别于其他人,独树一帜。你的个性是通过言行举止、衣着打扮表现出来的,也可通过你独特的行事作风和处世原则表现出来,它会形成一种气质、一种风度。它会帮助你在人群中自然而然地凸显自己,为人们所认识;在无形之中也会对别人产生某种影响力，激发别人对你的信心和兴趣，你也可能因而吸引到一大批的志同道合者，共创美好的事业。从这些意义上讲，个性是一种力量，更是一种资产。

一个有个性的聪明女人，自身有独到的吸引人之处，能更好地处理人际关系，从而赢得人们与社会的尊重。这样的女人无论是在工作上还是在生意场上，都能获得最大的成功。

是趣的谭海音就是一个个性与魅力兼备的女人，她平和、宽容、真诚、坦率，她做易趣总裁，兼具时尚与沉稳，做得信心十足，底蕴十足，赢得同行与属下许多人的夸赞。

谭海音是麦肯锡咨询公司雇用的中国首名本科咨询员。她在麦肯锡干了3年，全球也跑了不少地方，独立地做了很多事。1997年，她考取哈佛的工商管理硕士。麦肯锡咨询公司给了她9万美元的资助，但前提是读完书后至少还得回原公司工作两年。毕业后的谭海音希望在事业上能有新的东西，她喜欢开拓新的行业、接受新的挑战，她决定回国独立创业，这就是她的独特个性，她宁愿背负着9万美元的债务，也勇于顶着压力离开麦肯锡咨询公司。

压力也是动力。

她后来说："但我还是要做我想做的事，我相信凭自己的能力肯定能还这个债。"

回国后的谭海音与同学邵亦波一起创业做网站。当时国内互联网行业机会非常多，但游戏规则尚未建立，风险也很大。"但对我们这些不怕输，不怕挑战，愿意在模糊不清环境里工作的人，这却是很有吸引力的事情。"有个性的谭海音说。做易趣，做拍卖网站。从1999年8月18日易趣开通至今，已有350万名注册用户，累计登录商品逾2000万件，线上交易量总计达7.8亿元人民币。现在易趣"每4秒就有1件新登商品，每2秒就有1个买家出价,每5秒就有1件商品成功卖出"。易趣网已成为全球最大的中文网上交易平台。2002年3月,易趣吸引了世界最成功的电子商务公司eBay的3000万美元的投资,并与其结成战略合作伙伴关系。2005年,eBay对易趣网追加15亿美元的投资,易趣取得了非常大的成功,谭海音的个性与魅力也为她带来了巨大的金钱与人缘财富。

"易趣最高管理层有着中西结合的优势:海音是公司的文化中枢,我是头脑中枢。"这是董事长邵亦波对易趣管理团队的评价。

很难想象谭海音板起面孔教训别人是一副什么样子,她给人更多的感觉是平和温婉,很关切别人的情绪,而且与员工之间非常平等。谭海音很注重和员工的沟通方式,更希望通过自己的言行证明自己的能力。她不愿意把自己弄得很严肃很凶。这个行业是需要热情与创新的,管理得太严格,会挫伤大家的感情和积极性。

在易趣,员工有事可以直接找董事长和执行总裁去谈。开会的时候,也没有繁文缛节,没有正襟危坐,只有开诚布公。

谭海音说,在企业管理上,互联网企业与饼干厂没有什么区别,企业做大后,即到了40~50人的规模后,都应该有一整套正规的管理体系。国内许多网络企业的发展也印证了这一点。只有专业的管理者才能让企业发展得更健康,而只依赖技术是做不大的。

谁是易趣的老板?谭海音回答说:"所有易趣人都是易趣的老板,每个人都有股份,但是易趣人的'老板',是我们所有的网友。"

做企业的流程,谭海音是在麦肯锡中学会的,要做人性化加职业化的领导者,不能光靠真诚、鼓舞,更需要交流尤其是跨部门的交流。项目是横的,部门是竖的,需要专人负责,流程是企业的骨架,人性是血肉,缺一不可。加上在哈佛商学院也学到很多,谭海音判断事情就有了全局的观点。

谭海音对人真诚,很坦率地把自己的想法告诉别人。易趣的团队是互补的,有时候几个决策人也会为一件事情争论不休,但都是良性的争吵,等到互相理解意见一致,他们就会尽全力去做。工作中她遇到最大的障碍是具体操作不完整、不周到,一件事情的实施很重要,所以她做事要看反馈结果。

有一幅画面十分生动地反映了谭海音的管理艺术:"噢,吃冰激凌!"办公室突然响起欢呼声,"海音请大家吃哈根达斯!"行政人员提着塑料口袋轮流分配,啧啧的赞叹声不绝于耳,更多时候哈根达斯被避风堂蛋塔所代替,她自己挨个儿发到同事手里。素面朝天、头发微曲的谭海音笑着说:"我要逼着他们去休假,一年两星期,好的工作状态很重要。"

可以说,谭海音的确是一个聪明的女性管理者,在她的身上,我们看到了许多女性管理者的优势,尤其是在发挥女性感情丰富、细腻的优点上,谭海音做得十分出色,这也是她个性与魅力之所在。

第 4 个礼物

性 情

女人幸福的情感优势

女人的可爱在于性情,不完全取决于智商,不完全取决于美丽。这种性情,来自女人端庄的长相、丰富的内涵、恰当的装扮、充分的自信和健康的心态。

不管是仪态绰约,抑或是风情万种,性情女人都超然洒脱、从容随意。性情意味着自信,自信才能彰显从容。

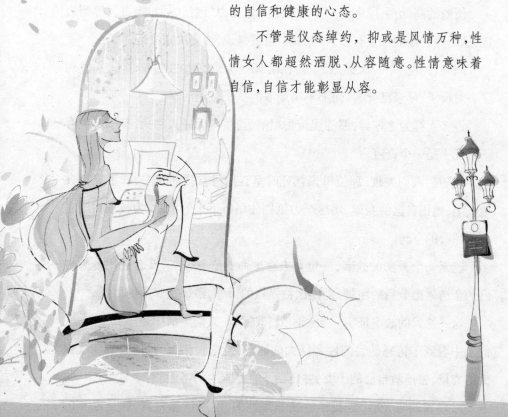

情感可以演变成强大的力量

当人们面临挫折、失败和危险的时候,仅靠理智是不足以解决问题的,还需要情感来作为引导。

情商的高低,可以决定一个女人的其他能力(包括智力)能否发挥到极致,从而决定她的一生有多大的成就。也就是说,情商决定命运。

南美曾发生了一次强烈地震,在清理一栋建筑物的废墟时,人们发现了一对母子,母亲已死去,而那不满周岁的孩子竟还活着。

许多人都为之惊异,那栋建筑物塌陷后,楼内无一人幸免,孩子能生存下来几乎是一个奇迹。

但随后人们发现,那位母亲在死时呈现出弓着腰的状态,双手支撑在地板上,她用自己的身躯,竭尽全力抵挡住塌压下来的重物,为孩子留下了一丝呼吸的空间。

这是一个真实的故事,一位女人在生命的危急关头,没忘记用爱为自己的亲情做出最后的注脚,是爱这种强烈的情感,激起她非凡的勇气。

这一感人的故事证实,无私的爱和感情在人们生活中是多么重要,人们从中看到了情感的目的性和巨大的能量。爱这种伟大的情感,演变成强大的力量,去拯救自己的子女,并压倒了自己求生的本能。

以理智的眼光看,自我牺牲是非理性的,但对情感而言,这是唯一的选择。

情感在女人的生活中如此重要,那么,什么是情感呢?

每个人都有自己的需要、态度和观念,情感就是女人在这些因素的支配下,对事物的切身体验和反应。

情感与人的需要之间存在着密切的关系,当人的需要得到满足时,就会产生满意、愉快、兴奋等积极的情感;而当人的需要不能得到满足时,则会产生失意、忧伤、恐惧等消极情感。科学家通过对大脑的研究,揭示了情感来自何处,以及人们为何需要情感的秘密。

相比男人,女人的情感有着很强的指向性,即情感的倾向性。例如,有的人会厌恶和抵触危害社会的行为,而有的人则无动于衷;有的人能虚心接受别人的批评,而有的人则会产生不满。

如何引导女人的情感倾向性呢? 人的情感倾向性是由其需要决定的。需要得到了满足就产生肯定性情感,需要得不到满足就产生否定性情感。

仅仅追求感官需要的人,其情感倾向必然低下、卑微;一切以满足个人需要为准则的人,其情感倾向必然自私狭隘。情感的倾向性直接影响人们在面临重大抉择时的态度和倾向,能集中表现出一个人的人生观和价值观。

情感的稳固性,即情感的稳固程度和变化情况,它与情感的深度密切相关。浅薄的情感是变化无常的、短暂的,而深厚的情感则是稳固持久的。

变化无常是女人情感不稳固的主要表现,情感不稳固的女人,情绪变化非常快,一种情绪很容易被另一种情绪所取代,人们通常用"喜怒无常"、"爱闹情绪"等来形容这种女人。情感的不稳固还表现在情感强度的急剧变化上。这类女人往往在开始时情绪高涨,但很快就会冷淡下来,人们通常用"转瞬即逝"、"三分钟热度"来形容她们。

情感的稳固性是衡量女人性格成熟与否的标志之一,稳固的情感是获取良好人际关系的重要条件,更是取得工作成绩和人生成功的重要条件。

情感占据着人类精神世界的核心地位。社会生物学家为此就指出,人们危急时刻的情感高于理性,发挥着主导作用。的确,当人们面临挫折、失败和危险的时候,仅靠理智是不足以解决问题的,还需要情感来作为引导。

人类内在的情感,伴随着人类悠远的进化历程,默默地一次又一次地反复出现,直至它被烙印在神经系统,成为自主性的情绪反应倾向。这个漫长的历史过程,再次印证了人类情感的存在价值。

情感的力量是不可小觑的,在任何时候,人们都不应忽视情感的力量。当年泰坦尼克号沉没的时候,年老的船长平静地留在轮船上,平静地面对死亡,他的行动感动了许多人,致使这些人在大灾难和即将来临的死亡面前,也表现得异常镇静,这充分地体现了情感在人类生活中的重要性。

人们在进行决策或采取行动的时候,情感与理智是并驾齐驱的,有时甚至是情感略占上风。其实人们往往是把由智商所评定的纯理智看得太重了,强调得太过分了。殊不知,当情感独领风骚的时候,理智根本就无能为力。

女人的成功更在于情商

高情商女人可能并不是人群中最聪明的,但都是热忱而顽强的人。对成功而言,并不一定要有很高的智商,问题也不只在于天资,更在于情商。

吴小薇从小就不是一个聪明的孩子,但一直希望自己能考上大学,满足父母对自己的期望。尽管她十分用功,但她的各门功课还是都不及格。所有认识她的人都明白,吴小薇肯定考不上大学。

吴小薇不得不辍学，为一个富商打理别墅花园。她一直都生活在忧郁之中，她心里很愧疚，她没有上大学，肯定让父母非常失望。但不久以后，吴小薇便明白了一个道理：是啊，我虽然不那么聪明，但也不是痴呆儿。我虽然不能改变智商，但总可以改变一点什么。改变什么呢？是的，我不能自卑，要勇敢。我为什么要承担忧郁这种不幸呢？是的，我至少可以活得快乐点。

吴小薇真的变了一个样子。

有一天，吴小薇进城去办事，在市政厅后面看到一位市政参议员正在跟人讲话，在他跟前不远处，是一片满是污泥浊水的垃圾场。

这不应该是一块荒地，它应该是上面开满鲜花的草坪。吴小薇想。

于是，她勇敢地走上前去，向参议员问道："先生，您不反对我把这个垃圾场改成花园吧？"参议员说："你的建议当然很好，但是，你知道，市政厅可拿不出这笔钱让你做这件事情。""我不要钱，"吴小薇说，"您只要答应由我办就可以了。"

参议员大为惊奇，他还从来没有碰到过这种事情呢，哪有办事不花成本的。但他还是认真听取了吴小薇的想法，并答应了她的请求。第二天，吴小薇拿了几样工具，带上种子、肥料来到这块烂泥地。

一位热心人给她送来了一批树苗，富商允许他到自己的花圃剪玫瑰插枝。一家规模很大的家具厂闻讯后，立即表示要免费承做公园里的长椅，但恳请吴小薇让他们在椅子上发布广告。

吴小薇努力地工作，不久，这块泥泞的污秽场地竟变成了一个美丽的公园。这里有绿茵茵的草坪，曲折的小径，在长椅上坐下来，人们还能听到清脆的鸟鸣。

所有的人都在说，一个年轻人办了一件了不起的大事，晚报上也刊登出吴小薇站在公园草坪上的照片。这个小小的公园，像一个生动的展览橱窗，人们从中看到了吴小薇在园艺方面的天赋和才干。

25年后，吴小薇已经是全国知名的风景园艺家了。她虽然没有学好功课考上大学，但是，她从一件不起眼的事情中发现了自己，同时获得了事业上的成功。一直到现在，吴小薇年迈的双亲一提起自己的女儿，仍会感到无比的骄傲。

智商的不足没能阻止吴小薇获得成功，那么她的成功来源于什么呢？许多人觉得是好的运气，其实，她的成功源于她的高情商。

许多证据显示，情商较高的人在人生各个领域占尽优势，无论是谈恋爱、人际关系，还是在主宰个人命运等方面，其成功的机会都比较大。

其实，人一生的成就至多只有20%归于智商，80%则受情商因素的影响。所谓20%与80%并不是一个绝对的比例，它只是表明，情感智商在人生成就中起着至关重要的作用。尽管智商的作用不可忽视，但过去人们把它的作用估量得太高了。

为此，心理学家霍华·嘉纳说："一个人最后在社会上占据什么位置，绝大部分取决于非智力因素。"

现代研究已经证实，情商在人生的成功中起着决定性因素，只有与情感智商联袂登台，智商才能得到淋漓尽致地发挥。在许多领域卓有成就的人当中，有相当一部分人，在学校里被认为智商并不太高，但他们充分地发挥了他们的情商，最后获得了成功。

达尔文在他的日记中说："教师、家长都认为我是平庸无奇的儿童，智力也比一般人低下。"但他成为伟大的科学家。

爱因斯坦在一封信中写道："我的弱点是智力不行，特别苦于记单词和课文。"但他成为世界级的科学家。

洪堡上学时的成绩也不好，一次演讲中他提到："我曾经相信，我的家庭教师再怎样让我努力学习，我也达不到一般人的智力水平。"可是，20多年后他却成为杰出的植物学家、地理学家和政治家。

凯文·米勒小时候学习成绩很差,高中毕业时靠着体育方面的才能,才勉强进入芝加哥大学学习。许多年后,在他公开的日记中有这样的记述:"老师和父亲都认为我是一个笨拙的儿童,我自己也认为其他孩子在智力方面比我强。"可是,这位凯文·米勒经过多年的努力,却成为美国著名的洛兹企业集团的总裁。

资深学者丹尼尔·戈尔曼宣称:"婚姻、家庭关系,尤其是职业生涯,凡此种种人生大事的成功与否,均取决于情感商数的高低。"有一份调查报告披露,在"贝尔实验室",顶尖人物并非是那些智商超群的名牌大学的毕业生。相反,一些智商平平但情商甚高的研究员往往以丰硕的科研业绩成为明星。其中的奥妙在于,情商高的人更能适应激烈的社会竞争局面。

情商决定女人的命运

情商是一个女人命运中的决定性因素,成功者并不是那些满腹经纶却不通世故的人,而是那些能调动自己情绪的高情商者。

李丽是一家公司的经理。在改善公司产品分销的效率方面,她一直很有建树。一次,李丽的上司要求她在董事会上表达自己的观点。李丽充满激情和热忱地提出了自己的建议,并毫不掩饰地直接流露出自己的热情。但不幸的是,一些人否定了她的建议。因为她的建议听起来成本太高,而且与新的市场营销战略相冲突。李丽被他们的否定打懵了,她精神恍惚地走出会议室。当她回想自己所受的打击时,越想越生气,心中的怒火越来越大。

她固执地认为,在这个公司里,任何一个拥有新想法的人都没有生存空间。她开始玩弄权术,试图对董事会中那些看上去不能"接受"她的观点的成员发起攻击。很快,她成为孤家寡人,被从重要的决策层逐出。不久,她的一个重要的晋升机会被拒绝,于是她非常恼怒地辞职了。她在这家公司里的职业生涯以失败告终。

李丽让自己的情绪控制了自己对他人的意见视而不见,没有对事情进行冷静细致地分析,而是立刻得出情绪化的破坏性结论,这些结论使她产生极大的愤怒。她无法令自己跳出这些假设,使自己摆脱消极情绪的影响,结果,她只能在众叛亲离的境况中结束一切。本来,她完全可能通过富有成效的行动,更好地拓展自己热情洋溢的品质,来吸引他人,赢得他们的支持,而不使自己陷入到毫无益处的冲突中。

在针对某个空缺的职位对一个候选人进行考评的时候,我们的考核标准总是过多地倾向于注重诸如学历、文凭、技术培训以及口头表达能力等这样一些外在的因素。然而,在商业环境中,清晰缜密的思维和解决问题的能力是非常重要的,它们绝不逊于优秀的写作能力、语言表达能力和交流沟通能力。

在一些特定的领域里,拥有某些特殊智力的天赋,成为从事这些职业必不可少的条件。然而,为了长期的事业成功,人际关系和个人内心的素质,同样是必不可少的条件。之所以这样说,原因是,管理者必须具备与他人共事和管理他人的能力。

情商的核心内容可以用下面四句话描述:知道别人的情绪;知道自己的情绪;尊重别人的情绪;调控自己的情绪。

戈尔曼用了两年时间,对全球近500家企业、政府机构和非营利性组织进行分析,除了发现成功者往往具备极高的工作能力以外,卓越的表现亦与情绪智能有着密切的关系。

在一项以 15 家全球企业，如 IBM、百事可乐及富豪汽车等数百名高层主管为对象的研究中发现，平凡领导人和顶尖领导人的差异，主要是来自情绪智能的差异。

卓越的领导者在一系列的情绪智能，如影响力、团队领导、政治意识、自信和成就动机上，均有较优越的表现。情商对领导人特别重要，因为领导的精髓在于使他人更有效地做好工作。一个领导人的卓越之处，在很大程度上表现于他的情商。

所以说，情商是一个人命运中的决定性因素，成功者和卓越者并不是那些满腹经纶却不通世故的人，而是那些能调动自己情绪的高情商者。

心理学研究表明，在所有最终获得成功的人中，高智商的人所占的比例仅仅为 10%左右。很多非常有天资的人，因为在达成联合、处理冲突、解决危机、保持平衡和实现均衡方面缺乏情感智力，而纷纷被淘汰出局，这是现实生活中一个司空见惯的现象。尽管如此，我们也不必气馁，让我们可以感到欣慰的是，除了一些例外情况，大多数人都能够通过学习来掌握情感智力方面的技能。

拥有良好的情感智力的人，能够同时运用个人内心技能和人际关系技能。人际关系智力是理解他人及与他人合作共事的能力，它建立在真诚地愿意了解他人兴趣的基础上。另一方面，个人内心智力是一种内在审视的能力，它培育自知之明，并把自知作为有效行动的基础。

事实上，人们不可能同时拥有这两种技能，而缺漏其中一个也能获得成功。举例来说，认识自己的心理状态是认识他人情感变化的前提和关键；反之，实行自我克制是保持良好人际关系能力的基础。因此，情感智力指的是一个人认识自己以及他人的情感，并在这些情感信息的基础上，做出卓有成效的决策的能力。

人类智能研究的最新成果表明，最精确、最惊人的成就评论标准是情商，

幸福女人给自己的 11 个礼物

情商高的人在人生各个领域都占尽优势,情商是决定一个人命运的能力。

情商对于一般人而言也是如此。许多人在校时成绩很好,毕业后却碌碌无为。他们经常抱怨与人难以相处,得不到上司的赏识,在生活中处处碰壁,有些人甚至心态失衡而走上歧途,究其原因就是情商低。

而一些在校时成绩平平,被认为智商一般甚至低能的学生,毕业后却如鱼得水,他们能适应周围环境,抓住机遇。更重要的是,他们善于把握和调整自己的情绪,善于把握与适应领导者的愿望和要求,善于处理自己周围的人事关系,因而他们成功了,成为独占鳌头的领导者。

诚实是女人成功的强大后盾

一个言行诚实的女人,因为自觉有正义公理为之后盾,所以能够无所畏惧地面对世界。她有"自强而不缩,虽千万人,吾往矣"的气概。

从前,有一个贤明的女王,她决定在全国范围内挑选一个女孩子,把她培育成自己的接班人。女王的方法很独特,给那些女孩子们每人发一些花种子,并宣布谁能培育出最美丽的花朵,谁就能够成为女王的继承者。

女孩子们得到种子后,开始精心地培育,从早到晚浇水、施肥、松土,谁都希望自己成为幸运者。一个小女孩也精心地培育着花种,但是花盆里的种子始终没有发芽。

女王决定的比赛日子到了。无数个穿着漂亮的女孩子走上街头,她们捧着漂亮的花朵,期盼着巡视的女王。女王环视着争奇斗艳的花朵并没有很高兴,直到她看到捧着空花盆的小女孩。最后,这个小女孩成了未来的女王。因为女王发的花种全部是煮过的,根本就不能够发芽开花。

诚实的力量是不可估量的,它让一个贫穷的小女孩成为女王。

许多女人都认为欺骗、说谎是一种有利可图的勾当。于是,许多女人极其善于说谎,她们以为欺骗的手段是很值得使用的。许多声誉好的商店,也往往掩饰自己商品的缺点、不足,登载各种欺人的广告。有些人甚至以为,在商场中,欺骗的手段与资本一样必须。他们认为,想要在经营上取得大成功,做到言行一致、以诚待客实在是很难的。

新闻界中有一种很不幸的现象,就是报刊常有牵强附会、歪曲事实的倾向。其实,一家刊物的声誉如同一个人的名誉,如果一家刊物常常有意地刊登不真实的信息,那么它必会蒙上"造谣说谎者"的恶名。只有那些客观反映现实、忠于事实的刊物,才是新闻界中的柱石,它在社会中所占的地位,要比那些销路广大却不真实的刊物重要得多。

对于初入社会的青年,具有不为利动,没有私心,在任何情形下都言行诚实这种美德,其价值比从欺骗中得来的利益大过千倍。

没有健全的美德、不诚实的女人是很危险的。她们在平时也许是愿意站在正直的一方的,但是一到利害关头,她们就要离开正直,就不能说正直的话,做正直的事了。

她们也许并不正面说谎、欺骗,但她们往往不能站在一个诚实正直的人的立场上说话。她们不明白,在她们多得到这份利益的同时,却损失了一分品格。她们的钱袋中固然是有所收益了,但她们的人格却是降低了。

而且,世间不知有多少诚实的个人或企业会在日后觉悟到,欺骗的行为是暂时的、是不可靠的,是要失败的。所以,即使从利害关系这一点上考虑,诚实也是一种最好的策略。

一个言行诚实而自觉有正义公理做后盾的女人,与一个说谎话欺骗别人而自以为说谎话能一时欺骗别人的女人，她们所蕴涵的力量和影响，相差甚殊。一个言行诚实的女人，因为自觉有正义公理为之后盾，所以能够无所畏惧地面对世界。她有"自强而不缩，虽千万人，吾往矣"的气概。而一个言行不诚实的女人，却会在内心听到这种声音："我是一个说谎者，我不是一个好女人；我是一个行为卑劣者，一个戴假面具者。"因此，说谎话的女人是女人中的失败者，是堕落的女人，更谈不上魅力了。

一个人离开了诚实，就失去了作为一个成功人士的资格。有些年轻女人，为了取得一些小利小名，会把自己的人格和名誉不负责任地肆意挥霍，这岂不是一种可悲的现象吗？一个出卖人格、出卖尊严、出卖名誉，甚至可以出卖一切的女人，是绝对不会成功的。

正直是女人成就事业的前提

"己所不欲，勿施于人"。希望别人如何对待你，你也需要同样地对待别人。正直、守信，这些都是成功所必需的。

无论你在任何时候、任何情况下，和什么人在一起，都要忠于自己、言行一致、坚守自己的信仰及价值观，这便是正直的表现。

如果你不正直，最终将失去一切。因为，别人无法相信你，不愿和你一起工作，或跟你进行交易。如果没有人愿意和你共事，你的事业将会失败，无论从事何种事业，结果都将一样。

一位推销员讲道：大学时，我曾经在一家销售牛乳代替品的乳液饮料公司工作，我是一名经销商，业绩达到全公司最高点，并拥有两个销售站，但是由于公司部分领导人员缺乏正直及踏实的精神，导致整个公司瓦解。

任何一位进入销售业的人都知道，基本上，金钱是一切行为的出发点。人们进入公司工作是为了赚钱，这并没有什么不好；相反地，那些不这么盘算的人反而令人感到不安，因为在我们的周围，没有任何一件事情不需要花钱。

当然，家人、友情及人际关系则是建立在一些比金钱更重要的事情上。但是在商言商，只要我们进入商业圈，不管是职员、顾问、老板、合伙人或消费者，都和金钱脱离不了关系。

专注于你是谁而不是你做了什么，因为你是谁正是你的价值所在。你到底是什么样的人？你重视什么？你怎么生活？你和其他人有什么关系？你有什么特质？这些才是唯一重要的事情。因为，你是什么样的人将决定你做什么样的事。

一个正直的人会在适当的时机做该做的事，即使没有人看到或知道。亚伯拉罕·林肯说得好："正直并不是为了做该做的事而有的态度，正直是使人快速成功的有效方法。"

正直、诚实、一贯性、坚持、负责，这些都是使一个人成功的特质。而这些也是我们人生中最值得追求的目标。

"做一个正直的人"应该是每个人首先要实现的目标。

信守诚诺为女人赢得事业上的支持

信守诺言的女人是一个心灵充实的女人，女人应该将诚实和守信作为人生的向导，为成功之路赢得支持，成为身边人的榜样。

中华民族有一个古老的传统，那就是对信用与名誉的注重。你听说过"抱柱守信"的故事吗？古时候，有位年轻人，和人相约在桥下相见。他等了许久，也没见到约会的人。一会儿，河水上涨，漫过桥来，他为了守信，死死地抱住桥柱，一心等待着友人的到来。河水越涨越高，竟把他淹死了。这位年轻人抱柱而死的行为尽管有点迂腐，然而，那种"言必信，行必果"的品格，却是永远值得人们敬佩的。

有许多诺言是否兑现得了，不只是取决于主观的努力，还有一个客观条件的因素。有些正常情况下可以办到的事，后来因为客观条件起了变化，一时办不到，这是常有的事。我们在工作和生活中要取得诚信，不要轻率许诺，许诺时不要斩钉截铁地拍胸脯，应留一定的余地。当然，这种留有余地是为了不使对方从希望的高峰坠入失望的深谷，而不是给自己不努力埋下伏笔。

有些人口头上对任何事都"没问题"、"一句话"、"包在我身上"，一口承诺，可是，嘴上承诺，脑中遗忘，或脑中虽未遗忘，但不尽力，办到了就吹嘘，办不到就噤若寒蝉。这种把承诺视作儿戏的做法，是对朋友的不负责行为，要不得，迟早会为人所唾弃。在与人交往时，我们常会听见或说过那些并非出自本意的客套话，而人们对于这些社交辞令也往往不加重视。

比方说，当一群人谈论戏剧时，你可能会听到这样的对话："我非常喜欢欣赏戏剧，尤其是刻画现代人生活点滴的戏。"

"你喜欢那样的戏啊！真巧，我认识一位剧场经理，他们的剧场最近要推出你欣赏的戏种。这样吧，改天我帮你要一张门票。"

这是极典型的双方均不认真的社交会话。如果说这是约定，倒不如说它是谈话时的润滑剂。

有一天，你与客户交谈"海南的椰子很有名"，你说出此话的原因，当然不是在暗示他你想要吃椰子，而只是将名产列入话题罢了！因此，在听到这位客户说"正好下周我去海南，到时候我带来两个送给你"后，你自然摆出一副煞有介事的模样，回应："好啊！"实际上，你从未认真过。

但令你吃惊的是，一星期后你收到了这位客户送来的椰子！你会惊讶，是因为料想不到世界上竟然还有如此老实憨厚的人。就是这一次，会让你对这位客户的印象非常好。所以，确实地履行自己所做的"改天……"的承诺，必能打动对方的心。

然而，或许有人会认为自己与对方的态度不同，何必如此认真地履行承诺。不过，就因为对方的不当真，而你却以认真的态度面对所做的"约定"，产生的效果才会更大。换言之，对方对你这种履行诺言的诚信行为，引发出的喜悦及赞赏会随着吃惊程度而成正比增加。

履行自己所做的"改天……"的承诺，不管是进行感情投资，还是让他人愉悦舒坦，都不失为一个妙策。

现代人在面对自己曾许下的诺言时，常以马虎轻率的心态处理。

比如说，有人以为逢人便说"改天我们去吃个饭吧"或"改天我们去喝杯咖啡"是八面玲珑的做法，实际上，所得到的效果却适得其反。表面上，对方也许会因场面的关系而随声附和，但在私底下却对你经常开空头支票的行为产生反感，对你的信赖更是逐渐降低。

一旦许下诺言，就一定要努力实现，即使是付出相当的代价，也要努力去实现。的确是非人力之所能为的，一定要及时地向对方说明情况，请求谅解，这也是一种真诚和坦率。

成功是女人的泪水、血汗与机遇的结晶

失败是大自然对人类的严峻考验，成功女性无一不是战胜挫折的人。女人只有正视挫折、洞察挫折，才能最终超越挫折。

在通常情形下，"失败"一词是消极的。但拿破仑·希尔给这两个字赋予了一个新的含义。因为这两个字经常被人误用，而给数以百万计的人带来不必要的悲哀与困扰。

拿破仑·希尔解释道："这里，先让我们说明'失败'与'暂时的挫折'之间的差别。让我们看看，那种常常被视为是'失败'的事，是否实际上只不过是'暂时性的挫折'而已。还有，这种暂时性的挫折，实际上就是一种幸福，因为它会阻止我们向不正确的方向发展，从而让我们选择新的努力方向，使我们向着不同的但更美好的方向前进。"

失败阻止我们继续向错误迈进，失败强迫我们选择更美好更正确的方向。

不管是暂时的挫折还是逆境，只要这个人把挫折当作一种教训，就不会在意识中成为失败者。事实上，在每一种逆境及每一个挫折中，都存在着一个持久性的深刻教训。而且，这种教训是无法用挫折以外的其他方式获得的。

挫折通常以一种哑语方式和我们说话，而这种语言却是我们所不了解的。所以,我们就会把同样的错误犯了一遍又一遍,而且又不知从这些错误中吸取教训。

只有在把挫折当作失败来加以接受时,挫折才成为一股破坏性的力量。如果把它当作是教导我们的老师,那么它将成为一种新的动力。

许多成功女性相信,失败是大自然对人类的严峻考验,它烧掉人们心中自卑和怯懦的残渣,使人类这块金属因此而变得纯净,使它可以经得起严峻考验。

让我们记住,命运之轮在不断地旋转。如果它今天带给我们的是失败的悲哀,明天它将为我们带来成功的喜悦。

大浪淘沙,优胜劣汰,成功总是属于那些备尝艰辛、异常顽强的人们。女人们在对成功女性头上的光环顶礼膜拜的同时,不禁悄悄地哀叹,成功女性如同凤毛麟角。何年何时,成功之神才能对自己格外关照几分呢?在自艾自叹的消极心态中,她们错过了一次又一次成功的机会。

一些女性在遭受了挫折的打击后,从此一蹶不振,成为让挫折一次便打垮的弱女子,这是生活中极普通的例子。

一些女性在遭受了挫折的打击后,不知反省自己,总结经验教训,只凭一腔热血,勇往直前。这种女性,往往只会事倍功半,即使成功,亦如昙花一现。

另一些女性在遭受了挫折的打击后,能够很快地审时度势,调整自身,在时机与实力兼备的情况下再度出击,卷土重来,这种女性堪称智勇双全,成功常常莅临在她们头上,她们就是时下活得最潇洒的成功女人。

按犹太人的“二八黄金定律”,无勇无智者占人类总数的 80%,有勇无谋者与智勇双全者占 20%。而在这 20% 的人中,再次运用“二八黄金定律”,这样分析下去,最后那些获得终生大成就的女性,真是少之又少。但是,我们做这样的分析,目的绝非哀叹成功之不易,而是希望从中发现克服挫折的秘诀。毫无疑问,成功女性之所以成功,就在于她们的智与勇,尤其是她们的智慧。

抛开名利，才能静心为自己的目标努力

"名利"二字是人生无形的枷锁，要超越自我，就必须看破名利、淡泊名利，明确自己的志向。

"宁静以致远，淡泊以明志"是人格超脱的表现。不求名利，才不会被身外之物所缠绕，才能静下心来为自己的目标努力。世间功名利禄都如过眼云烟，人被物欲所牵，就等于被罗网所系，失去了心的自由，人还有什么追求可言呢？

一个人活在世上，由于受到传统的价值观和生活方式的束缚，一旦被物欲所牵，执迷于名利和野心，就无异于将自己置入牢笼，一生不得摆脱，欲望和野心会促使自己想要占有更多的名利，人如果陷入野心的沟壑，就难以再爬出来，就会沦为物欲的囚徒；失去快乐自由平和的心境，即使你拥有许多名望，也一样快乐不起来，名利与幸福是不成正比的。但是一般情况下，人们只要想到拥有，无论是名是利，想到它们能给自己带来财富或地位，总想多多益善。事实上，野心越大，失去的自由也越多。

人生中的许多苦恼都来源于"名利"二字，做官、发财，成为名人，搞得人心牵牵缠缠，挂挂碍碍，难分难舍，抑郁不安。许多人总认为有名有利，必定有人生快乐。大家也许听过这样一个故事：古时候，一个财主与一家穷困潦倒的长工是邻居，财主家绫罗绸缎，山珍海味应有尽有，还有很多佣人打点生活起居。长工家徒四壁，妻儿老小的生活都系在长工一人的腰带上，生活很是艰难。但让财主满心疑惑的是，自己过得一点儿也不快乐，而长工一家每天其乐融融，家庭和谐幸福。他问长工有什么秘诀，长工回答道："我们身份卑微，家里没有一点值钱的东西，所以没有什么担心的事；而您家财万贯，时常要为其担惊受怕，还要为此疲于奔命，当然要活得累了。"

这个故事告诉我们：其实人生快乐并不在"名利"二字之中，从某种意义上说，名利还是人生快乐的大敌，只是一般人看不破罢了。

而淡泊名利并不是无欲无念，客观世界给予人的种种诱惑，会使人有许多欲望和野心，这些欲望和野心往往使人执迷不悟，心态封闭，一心只想夺取和获得，从而产生许多牵挂、忧虑、顾忌，心中负荷很重。一些先哲为了给世人排解烦恼和痛苦，提出了各种各样的忠告，大意是讲人若想获得真正的人生，就要大彻大悟，无欲望，无念头，化万念为无念，不被名利牵着鼻子走，这样才能放松自己的身心，快乐永远。可是这种高层次的境界，不但没有被人接受，反而被说成是心灰意冷，不求上进。有的人还就这个问题大发感慨："什么无欲无念，全是那些文人吃饱了饭没事干；什么欲望和念头都不要了，那么人到世上来干什么？饭也不要吃了，觉也别睡了，学习、工作和结婚生子都没有必要了，还不如死了算啦！"

发这种感慨的人实际上没有真正领悟到先哲大彻大悟的精髓，只是望文生义，是一种狭隘的心态，也是世俗的社会和日渐败坏的精神风貌的产物。

落后的传统思想观念、生活方式和旧的思维方式，一旦在一个人的头脑里形成，就很难摆脱，容易形成思维障碍。

应该说名利并不是坏东西，都是人们的正常欲望，每个人都想生活得更舒适和更轻松，对名利的追求是可以理解的，完全用不着遮遮掩掩，羞羞答答。

　　这种正常的欲望,引导得好,个人的自制力较高,还能激发人们的创造热情,激励人们奋发向上,积极作出贡献,从而推动整个社会的进步。假如一个人对一切都满足了,对任何新鲜美好的事物都无动于衷,什么事也激发不起她的热情,更不用提为之行动了,处于一种无欲无求的境地,一天到晚什么事也不做,那么社会就会停滞不前,陷入瘫痪状态。但一个人如果名利思想过重,利欲熏心,为了名利不择手段,甚至损害他人的利益,名利反过来就会束缚她自己,使她动弹不得,心境浮躁,成了地道的囚徒或奴隶。

第 5 个礼物

智 慧

女人幸福的头脑优势

女人不管美丽与否,一生中都要开动自己的智慧聪明才智,用灵动的头脑去办事情,在人生中搏彩。

若女人应用智慧这法宝,无论你的美是来自天生还是后天,你都会是世界上成功者中的一名。

每个女人都可以成为一个有智慧的女人,每个女人都有自己潜在的智慧,你应该做的事情就是挖掘你的智慧。

智慧像水一样，
滋润着女人的生命

成功女人的智慧是心灵世界里一条涌动的河流，只要梦想还在，激情还在，她就会永远奔腾不息，并把生命之舟驶进更广阔的生活海洋……

智慧是一个女人走向通往人生幸福和快乐的心灵之路，通过它每一个女人都能在充满希望和期待的人生岁月里，享受到生活的温馨和甜蜜。

成功女人的智慧不仅仅是常识，不仅仅是知识，不仅仅是聪明，也不仅仅是经验。她们的智慧是站在常识、知识、聪明和经验的台阶上，观察这个世界时所睁大的那双充满欣赏和不断有所发现的眼睛，是将这个美丽世界融入心灵时绽放的那朵感悟的花朵。

成功女人的智慧是心灵世界里一条涌动的河流，只要梦想还在，激情还在，她就会永远奔腾不息，并把生命之舟驶进更广阔的生活海洋，给她的生命之歌注入精神与现实的和谐音符。

成功女人的智慧是与豁达博大的襟怀相随，与积极的心态为友，与乐观向上的人们同行。

成功女人的智慧是梦想与灵魂的翅膀，并用幽默的情趣和快乐赋予它生命。

成功女人的智慧如水，水无处不在，浩渺无边的大海里、蜿蜒曲折的江河中、我们生命的每一个微小细胞之中……女人的智慧就像水一样，渗透到她所处理的每一件事物之中,滋润着她的生命。

智慧能重塑美丽,智慧能使美丽长久永恒,智慧是人生体验的感悟,智慧是一种永不褪色的美丽。

智慧是女人简单纯净的心态,智慧是女人情感的丰盈与独立,智慧的女人不用苛刻的标准审度万物, 智慧的女人更懂得得与失之间的平衡,智慧的女人以其极强的领悟力,对面临的任何事情从容地作出明智的抉择。

智慧不是天生的,智慧源于渊博的学识,智慧源于丰富的阅历,智慧源于经验的积累和教训的汲取。

智慧是一件永远穿不破的美丽衣裳,智慧使女人永远时尚美丽,温馨浪漫。作为女人,拥有智慧更可靠、更经用。凭借智慧与优秀的男人并肩前行,何等风光、满足、持久。

滋生美妙的创意,创作美妙的音符,用妙语化解危机,用决策决胜千里,以科技造福人类,一切的一切,无不闪烁着快乐女人智慧的光芒。

企业需要智慧的女人,社会需要智慧的女人,国家需要智慧的女人。每一个角落都需要知识,需要创新,需要正确决策,需要科学管理,需要先见之明,需要高瞻远瞩,需要不以物喜、不以己悲的心态。不必为矮小而自卑,不必为面容而羞愧,不必为年龄而伤感,不必为失败而气馁,不要那么自私、懒惰、自卑。智慧与你同行,你将会受到家人、朋友、社会的欢迎,总有人会欣赏,总有人会觉得你很美,总有人会觉得你很可爱。快乐女人的智慧之美正如羽泉的歌:"你的美无声无息,不知不觉让我追随,你在我眼中是最美,每一个微笑都让我沉醉。"

智慧来源于知识,智慧来源于劳动,智慧来源于机灵,智慧来源于善良,智慧来源于自信。要想做一个智慧的快乐女人就有必要尝试以下 26 件事:

(1)要留意报纸、杂志边角处的广告。这也许在你的人生中能起到意想不到的作用。

(2)参加一次竞选,为竞选而东奔西走。在那里会有一些你日常生活中无法得到的东西。

(3)将想做的事情整理得有条不紊。

(4)向自己奋起挑战,为拿到 10 个以上的资格证书而奋斗。

(5)寻找自己梦想的人生模式。

(6)会一会职高位尊的人。

(7)做一次剧院中的引导服务生。在引导客人的同时,对照想象一下自己的将来。

(8)与父母亲一同去旅行,这是重视家庭及亲情的开始。

(9)自己创作一首歌。

(10)一年之内读破一卷书。

(11)将一件电器完全拆掉并重新装上,从自己组装的过程中感悟人生。

(12)每日完成一篇日记。

(13)尽可能在更多的国家留下你的足迹。

(14)在与外国人对话时,要始终保持你的自信。

(15)每日反省自己的失礼之处。

(16)对自己所下的决心要经常加以检查。

(17)做不幸者的朋友。

(18)体验一次精疲力竭的感觉,你的潜力要靠自己去发掘。

(19)从头至尾读完一部书。

(20)要欣赏那种心跳的感觉。

(21)在你的庭院中栽一棵小树,可使你学会重视生命。

(22)会一会使你感到畏惧的人,见到不平凡的人会使你发现另一个自我。

(23)要敢于面对使你感到紧张的人。

(24)试与 10 年后的自己进行对话。

(25)给自己留点属于自己的空间,与自己的心灵对话,会扩大你的生活空间。

(26)做一本自己的词典,用独特的视角创造一个独特的世界。

智慧是一种永不褪色的美丽,当青春不在,当脸上布满皱纹,当头发花白时,智慧之光却永远在闪烁。"零落成泥碾作尘,只有香如故。"才是成功女人的永不消散的芬芳!

有内涵的女人,是拥有大智慧的人

拥有大智慧的女人,在处于困境的时候,不沮丧,不落泪,反而积极地用头脑去想尽各种办法克服困难,从芸芸众生中脱颖而出。

有内涵的女人,因为对内在的自我充满信心,所以做起事来就敢于打破条条框框,独出心裁地走自己的路。她们明白:款式新颖,造型独特的物体常常是市场上的畅销货;见解与众不同,构思新奇的著作往往供不应求。独特、新颖便是价值。物如此,人亦然。他人不修边幅,你则不妨稍加改变和修饰;他人好信口开河,你最好学会沉默,保持神秘感,时间越长,你的魅力越大;他人总是扬长避短,你可试着公开自己的某些弱点,以博得人们的理解与谅解;他人自命清高,孤陋寡闻,你应该尽力地建立一个可以信赖的关系网;他人虚伪做作,你要光明磊落,待人坦诚;他人只求可以,你则应全力以赴,创第一流业绩;他人对上司阿谀奉承,你却以信取胜。倘若你愿意试试以上方法来表现自己,就一定可以收到异乎寻常的效果。

在一次选拔"香港小姐"决赛中，为了测试参赛小姐的思维速度和应对技巧，主持人提出了这样一道难题：

"假如你必须在肖邦和希特勒两个人中间，选择一个作为终身伴侣的话，你会选择哪一个呢？"

其中有一位参赛小姐是这样回答的："我会选择希特勒。如果嫁给希特勒的话，我相信我能够感化他，那么第二次世界大战就不会发生了，也不会有那么多的人家破人亡。"

这位小姐的巧妙回答赢得了人们的掌声，因为这个问题难度较大。如果回答"选择肖邦"，则答案没有特色，显得平淡；如果回答"选择希特勒"，则很难给予合理的解释。那位小姐选择了出人意料的难题，又作出了合理而又充满正义的回答，从而成功地推销了自己的特色，以幽默、机智给观众和评委留下了深刻印象。

作为女人，只有努力避免平淡，追求特色，才能够在以男性为主导的现代世界里脱颖而出。

有一位美术系刚毕业的女生，对于设计服装的布料和花样非常感兴趣，她决定要涉足这一行。只是，刚开始进入这个行业非常困难，因为无论是使用布料的服装设计师，或者是制造服装的工厂都有自己已经很习惯的供应商。对于一个完全陌生，甚至还只是初出茅庐的布料设计者，他们根本就没什么兴趣。

女生拿着一堆自己呕心沥血设计的作品，来到一个著名服装设计师的公司。助理设计师本想打发她走，可是见她一副渴求的模样，便于心不忍地对她说："好吧，我拿进去给我们的设计师看一下。"

过了一会儿，助理设计师出来对女生说："设计师说，我们的设计图太多了，根本没时间看。"

这位女生又跑到制造服装的工厂，结果也是一样。她四处碰壁，心情十分沮丧,但心想一定要坚持下去。她想,只要方法用对了,不断地尝试,就一定能打开僵局。

有一天,这位女生来到一位著名歌星的签名会上,大名鼎鼎的著名歌星拥有许多歌迷。女生挤在一堆歌迷里面,也以一副十分崇拜的样子望着歌星。好不容易轮到她和歌星握手时,女生由背包里拿出一些布样和自己的设计图,对歌星说:"我好崇拜你哟!真想为你设计漂亮的服饰,请您在这几块布上为我签名。"女生摆出崇拜的模样。

歌星看了这些布料和设计图说:"哇,好漂亮哟!请你和我的服装设计师联络,我想用这些布料做衣服,这是她的电话,就说我叫你去找她的。"

女生开心地说:"好啊,我明天就去!"

第二天一大早,女生就来到先前泼了她一头冷水的著名设计师的公司。

女生拿出有女歌星签名的布料来,对助理设计师说:"是她叫我来找你们的,她说要用这些布料做衣服。"

助理设计师进办公室不到几分钟,名设计师就带着满脸的笑容走出来见她。女生就这么走进了这个行业,而且愈来愈受客户的欢迎。

灵活用脑,借助名人的力量推销自己,这就是内秀女人的聪明之举。

有内涵的女人,是拥有大智慧的人。正是大智慧使她们在处于困境的时候,不沮丧,不落泪,反而积极地用头脑去想尽各种办法克服困难,从芸芸众生中脱颖而出。

凡事都要留些余地,别把事情做绝

说话、办事给别人留有余地,无论在什么情况下,不要把别人推向绝路,这样一来,既保住了对方的面子,进退自如,同时也体现了一个女人的气度和心态。

能不能给别人台阶,是体现一个女人气度和心胸的标准。

我们就拿《红楼梦》中的鬶儿来说,大观园里,虽然显得富丽堂皇、景色优美,但生活在其中的人却个个心有委屈,惶惶度日,不得不有一些特别的心机。鬶儿虽是一个极聪明极清俊的好女孩儿,但是却落到了贾琏、王熙凤手里,一个俗得要命,一个心狠手辣,而且夹在两人中间,左右难得做人,经常无故受到伤害。这一点就连宝玉都时常感念,叹她无父母、兄弟、姊妹,独自一人应付贾琏之俗、凤姐之威,竟能周全妥帖,真是非常难得。

按说鬶儿活在权力争斗的中心,时常与心狠手辣的凤姐为伍,不为虎作伥也能装腔作势几声,狐假虎威,仗势欺人,也能在大观园里做个盛气凌人的"二奶",一时半会儿摆摆架子,抖抖威风。但是,若这样,鬶儿也就不是让人们时常感念的那个女孩了,而她的最后下场也必定比王熙凤更惨,一旦失势遭人指骂还算运气,说不定会落个人不人鬼不鬼的结局。

鬶儿在王熙凤身边,有点像"暴君"手下"二把手"的角色,在王熙凤掌管大观园生死大权的日子里,鬶儿的地位既优越又尴尬。说优越,她是贾琏的爱妾,凤姐儿的心腹,里里外外,谁敢不对她畏惧三分?要说尴尬,自然是够尴尬的了,除了两位主子的不得人心之外,她自个儿并无威势,身不由己，不能不做一些违心的事，说一些违心的话。在这种情况下，关键就看鸳儿如何在委曲求全中把握自己，在忍辱负重中照顾他人了。鸳儿做到了这一点。

鸳儿除了做事不流于俗之外，还有自知之明和知人之明。就后者来说，她明白贾琏夫妇的为人，更明白众人对他们，尤其对王熙凤的憎恶之情。所以，她在处世为人方面一直为自己留余地留后路，绝没有犯凤姐所说的"心里眼里只有了我，一概没有别人"的错误，更不像凤姐那样把事做绝。处在如此险恶尴尬的境地，如果说鸳儿让人感念有什么诀窍的话，那么此处便是。她对凤姐得顺着脾气摸，让凤姐信任她，但是对于众人绝不倚仗权势，趁火打劫，而是时常私下进行安抚，加以保护，一方面缓和化解众人与凤姐儿的矛盾，另一方面做了好人，为自己留了余地和退路。例如有一次正值众姐儿坐着吃酒，鸳儿喝了一口就要走，原本是怕凤姐不开心，但是在李纨出口就是"偏不许去，显见得只有凤丫头，就不听我的话了"的情况下，又正碰上婆子来传凤姐的话，要鸳儿早回少喝酒，鸳儿就显得毫不含糊，即口应付："多喝了又把我怎么样？"坐下来只管喝只管吃，顺应了众姐妹的意思，可见其并非眼里心里只有"楚霸王"式的凤丫头(李纨语)。再例如在很多情况下，在处理一些事情时，鸳儿就比凤姐儿宽容得多，能放一马就放一马，结果在上上下下赢得了人心。李氏曾对鸳儿说道："有个凤丫头，就有个你。你就是你奶奶的一把总钥匙。"却不知鸳儿待人接物倒有一把自己特殊的钥匙。

鸳儿多留余地的处世方式终得回报。凤姐死后，大观园虽一片败落，但鸳儿却多次获得众人帮助而渡过难关。

不善于给别人台阶下，既是害人又是害己，人生的道路上，谁都不能担保不会陷入尴尬，面对别人尴尬的处境，是幸灾乐祸，落井下石，还是为对方提供一个恰当的台阶？这是"善"与"恶"，"智"与"愚"的分水岭，切不可为了自尊与虚荣而不给别人面子，要善于给别人面子，且要给足面子。

幸福女人给自己的 11 个礼物

103

　　某公司召开年终总结大会,老板讲话时出了个错,他说:"今年本公司的合作单位进一步扩充,到现在已发展到46个。"话音未落,李萍站起来,冲着台上正讲得眉飞色舞的老板高声纠正道:"讲错了,讲错了!那是年初的数字,现在已达到了63个。"结果全场哗然,老板羞得面红耳赤,情绪顿时低落下来,他的面子被这一句突如其来的话丢得干干净净。恰在这时,吴芳站了出来,面对大家说:"老总,对不起,是我给你提供的资料错了!"老总当然知道她的用意,顺嘴说了个:"下次注意!"两个女人面对同一件事的不同表现,让我们一眼就能看出她们的职场命运了。

　　成功女人在职场上待人接物,凡事都要以宽心对之。给别人台阶下,也是为自己预留一条退路,人情留一线,日后好相见,不是吗?做事留三分余地,就不会把事情做绝。于情不偏激,于理不过头,在追求成功的路上就会进退自如。同事能够碰在一起共同做事是种缘分,快乐的女人珍惜这种缘,把它化成一生的福分。

创新精神和开拓能力为女人赢得事业发展的机遇

　　在科技日新月异发展的今天,创新已成为经济和社会发展的主导力量。创新的关键就是要勤于学习,善于思考,解放思想,敢于做前人没做过的事。

　　当代女性应该富有创新精神和开拓能力,只有这样,我们才能赢得事业发展的机遇。被称为美容界"魔女"的英国人安妮塔，曾位列世界十大富豪之一，她拥有数千家美容连锁店，不过，安妮塔为这个庞大的美容"帝国"制造商机时，从没有花过一分钱的广告费。这在整个商业社会不能不说是懂得创新，敢为天下先的奇迹。

安妮塔当年贷款 4000 英镑开了第一家美容小店。她在肯辛顿公园靠近市中心地带的市民区租了一间店铺，并把它漆成绿色。虽然美容小店的这种所谓"独创"的著名风格（众所周知，绿色属于暗色，用它作主色不显眼），其真实缘由完全出于无意识，但这种直觉的超前意识却符合未来的健康理念，因为天然色就是绿色。

美容小店艰难地起步了，在花花绿绿的现代社会里并不惹眼，而且尤为糟糕的是，在安妮塔的预算中，没有广告宣传费。正当安妮塔为此焦虑不安时，安妮塔收到一封律师来函。

这位律师受两家殡仪馆的委托控告她，要她要么不开业，要么就改变店外装饰，原因是像"美容小店"这种花哨的店外装饰，势必破坏附近殡仪馆的庄严肃穆的气氛，从而影响业主的生意。

安妮塔又好气又好笑。无奈中她灵机一动，打了一个匿名电话给布利顿的《观察晚报》，声称她知道一个吸引读者的独家新闻：黑手党经营的殡仪馆正在恫吓一个手无缚鸡之力的可怜女人——罗蒂克·安妮塔，这个女人只不过想在她丈夫准备骑马旅行探险的时候，开一家经营天然化妆品的美容小店维持生计而已。

《观察晚报》果然上当。它在显著位置报道了这个新闻，不少富有同情心并仗义的读者都来美容小店安慰安妮塔，由于舆论的作用，那位律师也没有来找麻烦。

小店尚未开业，就在布利顿出了名。开业初几天，美容小店顾客盈门，热闹非凡。然而不久，一切发生了戏剧性的变化，顾客渐少，生意日淡，最差时一周营业额才 130 英镑。事实上，小店一经营业，每周必须进账 300 英镑才能维持下去，为此安妮塔把进账 300 英镑作为奋斗的目标和成功与否的准绳。

经过深刻的反思，安妮塔终于发现，新奇感只能维持一时，不能维持一世。自己的小店最缺少的是宣传。在她看来，美容小店虽然别具风格，自成一体，但给顾客的刺激还远远不够，需要马上加以改进。

一个凉风习习的早晨，市民们迎着初升的太阳来到肯辛顿公园，发现一个奇怪的现象：一个披着卷曲散发的古怪女人沿着街道往树叶或草坪上喷洒草泽香水，清馨的香气随着袅袅的晨雾，飘散得很远很远。她就是安妮塔——美容小店的女老板。她要营造一条通往美容小店的馨香之路，让人们认识并爱上美容小店，闻香而来，成为美容小店的常客。

她的这些非常奇特意外的举动，又一次上了布利顿《观察晚报》的版面。

无独有偶，当初美容小店进军美国时，临开张的前几周，纽约的广告商纷至沓来，热情洋溢地要为美容小店作广告。他们相信，美容小店一定会接受他们的热情，因为在美国离开了广告，商家几乎寸步难行。

安妮塔却态度鲜明："先生，实在是抱歉，我们的预算费用中，没有广告费用这一项。"

美容小店离经叛道的做法，引起美国商界的纷纷议论，纽约商界的常识：外国零售商要想在商号林立的纽约立足，若无大量广告支持，说的好听是有勇无谋，说的难听无异于自杀。

敏感的纽约新闻界没有漏掉这一"奇闻"，他们在客观报道的同时，还加以评论。读者开始关注起这家来自英国的企业，觉得这家美容小店确实很怪。

这实际上已起到了广告宣传作用，安妮塔并没有去刻意策划，但却节省了上百万美元的广告费。

到后来，美容小店的发展规模及影响足以引起新闻界的瞩目时，安妮塔就更没有做广告的想法。但是当新闻界采访安妮塔或者电视台邀请她去制作节目时，她总是表现得活跃。

安妮塔就是依靠这一系列的标新立异的做法使最初的一间美容小店扩张成跨国连锁美容集团的，她的公司上市之后，很快就使她步入亿万富翁的行列。

安妮塔虽然没有向媒体支付过一分钱的广告费，但却以自己不断推出的标新立异的做法始终受到媒体的关注，使媒体不自觉地时常为其免费做"广告"，其手法令人拍案叫绝。

在科技日新月异发展的今天，创新已成为经济和社会发展的主导力量。创新的关键就是要勤于学习，善于思考，解放思想，敢于做前人没做过的事。女人，拿出新思维、新模式、新内容、新姿态为世界增添更多的精彩。

比别人行动得更早，女人才会成功

成功没有捷径，行动起来，就有了希望。只有在行动中尝试，改变，再尝试……才会达到成功。

成功是没有秘诀的，如果有的话那就是立即行动起来。天上是不会掉馅饼的，如果掉的话，只有陨石。你只有行动起来，才会发现异样的景色，才会发现原来的景色是那样单调与乏味，也才会发现更加五彩斑斓的地方其实并不遥远。

许多女性做事都比较缜密，一件事非等筹划到自己认为万无一失才开始行动，刚刚踏入社会的年轻女性尤其是这样。其实，人算不如天算，所谓的周密计划往往会使你坐失良机。

其实，不管是生活中还是工作中的目标，并非都是"生死攸关"的。而事实上，许多事败于拖拉迟疑。许多女人一开始行动，步子尚未迈出，就想到消极的一面，想到失败，这种恐惧心理削弱了她们的自信，限制了她们的潜能，束缚了她们的手脚，使她们遇事不敢轻举妄动，从而失去机会，流于平庸。

有这样一则寓言，老鹰苦口婆心地教小鹰飞行的技巧。可一遍又一遍地解说效果却不尽如人意，小鹰总有这样那样的问题："我是先扑左翅呢，还是右翅？平衡到底怎样做到？"老鹰顿了顿，说："先行动起来吧！"

刚踏入社会的女人一定经常会说："这样贸然行事，无法达到最好。"其实，人根本无法达到最好，但通过实际行动就可以做到更好。只有行动，才会发现自己的不足，积累弥补不足的经验，也只有行动才能使人进步。因此，最踏实的做法就是大胆向前，想做什么就去做，既而去实现自己所向往的目标，完善自我或完善生活的目标。只要向着你的目标大胆地行动起来，生活就会走上正轨并使自己创造奇迹。

当然，在行动中去学习，付学费也就不可避免。就像走路，你总不能怕摔跤而不去学习走路。为此，每个成功人士都敢于尝试、敢于冒险、敢于做前人未做过的事。其实，尝试、错误、尝试、错误……再尝试直至成功，这正是学习和进步的唯一途径。

成功没有捷径，行动起来，就有了希望。只有在行动中尝试，改变，再尝试……才会达到成功。有的女人成功了，只因为她比我们行动得更早、犯的错误更多、遭受的失败更多。"没有行动的地方，就绝对没有成功。"停止行动之日，便是完全失败之时。

会理财的女人才不会在
平庸与贫穷中挣扎

如果你想拥有一棵财富之树，如果你想过上富足安逸的生活，你就要理智地克制自己，主动地学会理财，因为积小流可以成江海。

没有人想过贫穷的生活，女人们更是梦想着用自己的双手过上幸福、富裕的生活。但是，女人梦想的成功从何而来？为什么还是有许多女人在平庸与贫穷中挣扎？

事实上，绝大多数人都拥有成为富翁的能力，即勤奋、节俭、个人能力。我们之所以贫穷，并不是我们不具备这种能力，而是在我们的思想中还没有把合理理财摆在应有的高度，还没养成节俭的习惯。

对于年轻女性，一块钱可能微不足道，或许已常常成为你购买零食的牺牲品，但是它却是财富得以生长的种子，是人人都羡慕、人人都渴望拥有的财富之树的种子。如果你想拥有一棵这样的树，如果你想过上富足安逸的生活，你就要理智地克制自己，主动地学会理财。

许多人向零售业巨商沃尔玛询问致富的方法。沃尔玛问："假如你拿出一个篮子，每天早晨在篮子里放进 10 个鸡蛋，每天晚上再从篮子里拿出 9 个鸡蛋，最后将会出现什么情况？"

"总有一天，篮子会满起来"，有人回答，"因为我每天放进篮子里的鸡蛋比拿出来的多一个。"

109

沃尔玛笑着对他的崇拜者说:"致富的第一个原则,就是将你们每天放进钱包里的10枚硬币中,顶多只能用掉9个。"

这个故事告诉我们必须学会理财。每一个女人都应该知道,除非她养成理财的习惯,否则她将永远不能积聚财富。"千金散尽还复来",那只是李白的幻想,他最后不是穷困潦倒地病死江湖吗?所以,女人们绝不能学李白的一掷千金,必须学会理财。

你也许有这样的朋友,她以前享受着优厚的工资待遇,现在突然失业了,而她又没有什么积蓄。此时,她可能会抱怨自己的运气太坏,而不会对自己的处境加以冷静地反省。其实,她只是强调了客观条件,而没有挖掘事情的本质,即自己的主观因素,你在享受优厚待遇的同时,是否注意到你应学会节俭、学会理财、学会提高自己的综合素质;你在潇洒地购物消费时,是否关注过你所付出的每一个硬币的分量。

理财专家靳羽茜女士曾长期担任纽约华纳梅克百货公司的理财顾问。其工作内容之一就是以个人顾问的身份,帮助那些为金钱烦恼的人。在其帮助的人当中,有年收入不到1000美元的职员,也有年薪10万美元的公司经理。她说:"对大多数人来说,多赚一点钱并不能解决他们的财政问题。"

事实上,我们经常看到,很多人收入增加之后,其家庭生活状况并没有实质性的改观,不过是徒然增加开支——增加头痛。原因是她们在开源后并没有有意地去节流,没有让每个铜板发挥出应有的效应。

可见,有效地管理金钱是必要和有益的,是成功女人的一门必修课。

● 懂得巧辟财源

世上发财机会多,发财门路广,不必在一棵树上吊死。比如,你原来做服装,却发现某种面料吃香,而你又把握了进货门路,于是改做服装面料批发,难道不是一种巧妙的转手得利的机会吗?如果你原来做美容,发现做美容的辅助药液有赚头,一转行成了美发美容的材料供应商,这也是一种巧安排。看看你的四周，你将会发现许多尚未达到饱和的就业市场。如何利用余暇时间赚钱？你可到图书馆借阅有关报刊、查询就业或兼职信息。拓宽视野后你会发现许多工作机会。

● **正确预算**

撒切尔夫人早年也曾面临很大的生活压力。为了保证家庭开支的计划性，她将每一便士的用途都记录下来。她难道想知道自己的钱是怎么花掉的吗？不，她只是想做到心里有数。她十分欣赏这种做法，始终不渝地坚持，甚至到她成为世界闻名的女首相后，依然保持着这种节俭的习惯。

我们每个人也应该立即弄个笔记本学会记账，理财专家建议人们，至少在最初一个月将自己所花费的每一元钱准确地记录下来，并且坚持记录3个月，它将给我们提供一个准确的账目记录，让我们了解钱的去向，并以此作为预算的依据。

预算的意义，并不是要将所有的乐趣从生活中抹杀掉。其真正的意义在于让我们能主动地计划自己的家庭支出，而不致出现寅吃卯粮、入不敷出的情况。

当然，预算须按各人各家的具体情况来拟定。

● **购物之前先列出清单**

一项调查显示，很多女性是冲动型购买者，她们没有携带购物单就出现在一家超级市场中。她们没有计划，在商场中四处闲逛，因而很可能在寻找商品上花费了更多的时间。花费的时间越多，所花费的钱也就越多。这个事实一次又一次地被人们所证实。而且，在没有购物单的情况下，人们经常会购买几周以后才会需要或者根本就不需要的东西。

购物之前先列一个清单，这听起来好像需要大量的工作，但实际上并非如此。假如你没有购物单，没有购物计划，那么你每周将在食品店里多花20分钟、30分钟或者更多的时间，那就是你没有提前做好计划的缘故。如果每周多占用 30 分钟购物,那么在成年人的一生中,这将会是多少个小时?

● **为事业的未来投资**

一个满怀雄心壮志的人,应该为增加自己的成功机会而慷慨地花钱。在获得一定程度的成功之前,在满足个人享乐方面的开销,应该像个守财奴似的小气。

这就意味着,你应该尽可能优先考虑摆在自己面前的这类开支,例如,参加一个自我提高课程的学习,加入一个有利于自己事业发展的俱乐部,等等。而对另一类花费,如夜生活、时装、好车等消费则应该十分吝啬。如果你首先考虑满足事业上的需要,那么,其他方面的生活内容也将逐渐丰富起来。

一个真正希望成功的人,如果把自己的时间和精力耗费在对自己的事业毫无助益的消遣上,那是愚蠢的。那些已经成功的人之所以成功,是因为他们把事业摆在了首位。

● **有一笔应急储蓄或意外投保**

随着一个人年龄的增长,对家庭所负的责任也逐渐加重。家庭日益增加的吃用、医疗、娱乐、交通和教育等各方面的开支,都要靠你和爱人的收入来满足。你所拟定的最合适的家庭收支计划,可能被一次未曾预料到的突发事故所损害,甚至被永久地毁灭掉。即使你为了防止意外事故给自己买了部分保险,也会因为对飞来的横祸毫无准备而摔倒。因此,对任何一个人来说,都需要应急储蓄,就像一个企业公司,为意外开销或负债而保持一定的储蓄一样。

目前国内许多保险公司推出各种保险品种,使人们遇到各种意外和不幸以及一些突发事件时,都有一些小额保险可供我们选择。你可以从平时收入中,有计划地投保一些意外伤害、家庭财产、重大疾病等品种的保险项目。一旦面临意外时,有保险做后盾;可减轻由此带来的惶恐与烦恼,这些保险费用都很便宜。

●适度节流

适度节流也就是说学习如何使自己的金钱在不影响正常支出的情况下，获得最高价值。所有大公司都设有专职采购人员，他们的工作就是想方设法为公司采购到价钱最低、质量最好的东西。身为个人产业的主人翁，何不也这样做呢？

●做好孩子的理财教育

从小培养孩子对金钱的责任感是至关重要的。否则，你这一生辛苦挣钱，而孩子却不懂珍惜，任意挥霍，那一切还有什么意义。有这样一件事让人难忘，美国石油巨商洛克菲勒的妻子在一文中，叙述她如何教导她的小女儿养成对金钱的责任感。她从银行里取得一本特别"小存折"，交给她9岁的女儿。当小女儿得到每周的零用钱时，就将其存进那个"小存折"中，母亲则自任银行行长。然后，在那个礼拜之中，每当她须使用一毛钱或一分钱时，就从"小存折"中提出，母亲帮她把余款结存详细记录下来。

这位小女孩不仅从其中得到了很多的乐趣，而且也领会了对待金钱的责任感。那么，长大后的她一定会理财有方，不致盲目浪费金钱，而使自己陷入尴尬境地，当然更不会负债。负债是世界上最苦恼不过的事情。债务像挂在人们脖子上的巨石，会把一个人的体力、气魄、人格、精神、志趣、雄姿消磨得一干二净。债务也像一个恶魔，妨碍家庭的幸福，破坏家庭的安宁。

安德鲁·卡耐基说："一个人应该学会的第一件事情就是存钱。"这样一个人就会学会理财，对于生活，这是最宝贵的习惯。应知道，理财是积累和创造财富的手段，而且还能磨炼一个人的意志，培育一个人的品格，这种最朴素无华的品质，能慢慢成为最值得称道的高贵美德之一。

不要轻率地对待金钱，因为金钱能反映出人的品格。人类的某些优秀的品质就取决于人的金钱观，比如，慷慨大方、仁慈、公正、诚实和高瞻远瞩。而人类的许多恶劣的品质，也起源于对金钱的挥霍滥用，比如，贪婪、吝啬、自私、浪费和只顾眼前不顾将来的短视行为。当理财已成为你的生活习惯时，有朝一日你会惊讶地发现，每周妥善地运用几块钱，竟然使自己实实在在地获得了道德品质的升华、心灵素养的提高以及个人经济上的独立。

从现在开始，采取切实可行的办法，努力管好你的财务吧！

阅读给女人带来圆融的生命智慧

女人真正的美丽源自于心灵的智慧，而阅读的力量即在于充实我们女人的精神空间，滋养我们的心灵，给我们带来圆融的生命智慧，是对女人生命最恒久的化妆。

阅读是心灵的对话，思想的放牧，也是开启心智的钥匙，更是我们获取心灵满足与快乐的源泉。在阅读中，天上人间，尽收眼底；五湖四海，就在脚下；古今中外，醒然可观。阅读，让我们懂得什么是真、善、美，什么是假、丑、恶；阅读，让我们丰富了自己，升华了自己，突破了自己，完善了自己。

如今我们明白，真正的自信美丽是源自于心灵的智慧，而且这种美丽伴随女性的成熟而日渐丰厚。拥有丰厚的内涵和扎实的功底非常重要，因而从阅读中汲取滋养心灵的营养和智慧就成为自信女人的必修功课。

撒切尔夫人在一次公众演说中说过："智慧是优雅女性必备的素养。"可见，是智慧成就了优雅的内在，任何一位女性的优雅与美都必须以智慧做基础，否则，外在的优雅只是一个易碎的玻璃外壳。一个人的智慧、才华、灵气是生长在一定知识平台之上的，知识越多，女人智慧的底气就越丰厚，美丽也就越能脱出小家碧玉的拘谨，成就大家风范。

一个女人最具魅力之处，即在于心中藏有一座开掘不尽的精神矿藏，它有能力让自己的美丽与时俱进，任岁月渐长，亦能给人一种常新的迷人魅力。想要获取这种魅力，秘诀就是内外兼修，从美化心灵开始，持之以恒地积累自己美丽的资产。

而阅读诗书，正是充盈智慧、美丽终身的途径。

书是上一代传给下一代的精神遗产，是智慧老人给奋发进取的青年人的忠告，是准备休息的哨兵给接班的哨兵的命令。人类的生活智慧在书里传承。

要想具有丰富的知识，做一个有文化素养的女人，使自己散发书香的魅力，就要与书为友。一本好书就像是一个最好的朋友，它始终不渝，过去如此，现在仍然如此，将来也永远不变，它是最有耐心最令人愉快的伴侣，在穷困潦倒、临危遇难的时候，它也不会抛弃我们，总是一往情深。在人们年轻时，好书可以陶冶人们的性情，增长知识；年老时，它又给人们以安慰和勉励。

人生的境界，就在于其思想的境界。好书常如最精美的宝器，珍藏着人一生思想的精华，若将一本好书的崇高思想铭记于心，那么这本书就成为我们忠实的伴侣和永恒的慰藉，优美纯真的思想会像天使一样，净化我们的灵魂。

袅袅书香，熏养出女人丽影清质的芝兰之气，更让女性最美丽的灵光与聪慧与日俱增。以书润心，可以成就一个完美女人。当然，在今天这样一个快节奏的时代，一个聪明的女人不一定需要博览群书，只消读到其中的一部分，适当弥补自己的知识体系的一些空白与不足，就能比别人多几分典雅的风神韵味。

　　因此，我们并不提倡女人做一个博古通今的学者，对每个人来说，都有不同的品位和不同的选择，有些书可以增强女性自身修养，有些可以陶冶女人性情，有些可以抚慰女人的心灵，有些则具体指导衣食住行，让女人活得更加滋润。

　　当然，要做一个内涵丰厚的现代自信女人，其文化视野仅停留在一点上是远远不够的。现代生活需求和心理需求的多元化要求我们进一步扩大阅读面，广泛涉猎文学、哲学、艺术、生活服饰、美体美容、职业成功、婚姻家庭、育儿、旅游等诸多不同领域；同时还要与时俱进，吸纳最新的信息和技能，将之服务于自己的生活。

　　优秀的文化产品可以让女人变得聪慧、大气、成熟，一本好书可以帮助女人不时地清理心灵尘埃，释放压力与重负，经营生活与感情，这种对心灵的滋润可以让女人美丽一生。

　　阅读的力量即在于以知识充实我们女人的精神空间，增长我们的智慧，终生滋养我们的心灵。阅读给我们带来圆融的生命智慧，它是女人生命最恒久的妆容。

　　当我们沐浴在暖暖的阳光下，泡一杯清茶，手捧书香沁脾的精品，如痴如醉地欣赏那一行行欢快跳跃的文字，似一位美食家，品尝佳肴满口噙香，它的养分早已融入我们的血液。

　　当我们在静谧的月夜，夜阑人静时，亲近书香，细细品味咀嚼，生活便向我们打开一扇窗户，透进来的是全新的空气，不露痕迹地弥漫在我们周围，不取分文地滋润我们的心肺。

第 6 个礼物

自 立

女人幸福的生活优势

　　自立,会让女人在 16 岁的花季里,背上行囊走向陌生的天地;自立,会让女人在营造自己的小窝时,不依赖外援,靠自己的力量荡起家庭的小舟;自立,会让女人扬起自己的风帆,背负着重重的责任,艰难地攀登在事业的峰峦。自立,让女人一次次面对逆境而不退缩,一次次面对打击而不气馁。自立,给予了女人一份不趋炎附势的清高;自立,会让女人迎接一个又一个的挑战而信心百倍。自立的女人会活出一个实实在在、值得回味、值得骄傲的人生。

保持自己的本色，展现自己与众不同的风采

每个女人都有巨大的潜能，每个女人都有自己独特的个性和长处，每个女人都可以通过发挥自己的优点，成为一个光彩夺目的女人，在自己的人生中展现与众不同的风采。

有人说，女人是善变的动物，女人总是很情绪化，总是在事情发生之后才发现问题所在。这既是女人的优点也是女人的缺点，因为这种不易自制的情绪随时会把你带进天堂或地狱。所以对于一个希望把握自身命运的女人来说，主动认识自己、了解自己，就显得相当重要。

朱明瑛是一位蜚声中外乐坛的著名歌舞表演艺术家。她集美声、民族、通俗唱法于一身，能歌善舞的特殊才华给中外观众留下了深刻的印象。

她录制的唱片和歌曲曾荣获"云雀奖"和"金唱片奖"，发行量最高达180万盒。

她出访过 19 个国家，能用 26 种语言表演不同国家民族风格的歌舞。她那歌与舞、情与声融为一体的演唱魅力，征服了世界各地的观众，享有盛誉……

是什么使她取得了如此惊人的成就，赢得了观众的厚爱呢？

原因很多，比如坚韧不拔、吃苦耐劳的品格，对艺术的献身精神，等等。然而，很重要的一点却是她能够清醒地认识自我，注意发挥自己的特长，培养自

己的特殊才能。是她无人能替代、无人能超越的特殊本领赢得了观众的心。

由于种种原因，朱明瑛有很长一段时间处于受人冷落的境地。但她并未放弃对艺术的执著追求，当别人忙着告状和怠工时，她反而更加发愤努力。她说：人还得有本事，有贡献，人家才承认你。

在陈祖芬所写的录音专访《一个成功者的自述》一文中，朱明瑛这样说："你知道吗？我曾经一夜一夜地睡不着，看着天一点一点地亮起来。我对自己进行着分析。我想，我乐感好，学外语的能力强，还有这么多年的舞蹈训练基础。我把我的舞蹈、外语和音乐的才能结合起来，是可以闯出一条一边舞蹈一边演唱外国歌曲的新路子的。亚非拉的艺术很需要载歌载舞，团里还没有这样的演员，我要来填补这个空白。"接着，她还引用了居里夫人的一句话来论证自己的观念，其大意是：我应该相信，自己对于某种事业有特殊的才干，并且不惜任何代价来完成这个事业。

这个世界上，最了解女人的大概只有女人自己了。认识自己，发挥主动性，走别人没走过的路，根据自己的特点，运用自己的主见，培养不同于其他人的特殊才能，就一定能成功。

每个女人都有巨大的潜能，每个女人都有自己独特的个性和长处，每个女人都可以通过发挥自己的优点，成为一个光彩夺目的女人，在自己的人生中展现与众不同的风采。

在这个世界上，每个人都是独一无二的。因此，我们有理由保持自己的本色。我们不该再浪费每一秒钟，去忧虑我们与其他人的不同，而是应该尽量利用大自然所赋予自己的一切。

苔丝·里得太太从小就特别敏感而腼腆，她的身体一直很胖。苔丝有一个很古板的母亲，她认为把衣服弄得漂亮是一件很愚蠢的事情。她总是对苔丝说："宽衣好穿，窄衣易破。"母亲总照这句话来帮苔丝穿衣服。所以，苔丝从来不和其他的孩子一起做室外活动，甚至不上体育课。她非常害羞，觉

幸福女人给自己的 **11** 个礼物

得自己和其他的人都"不一样"，完全不讨人喜欢。

长大之后，苔丝嫁给一个比她大好几岁的男人，可是她并没有改变。她丈夫一家人都很好，也充满了自信。苔丝尽最大的努力要像他们一样，可是她做不到。他们为了使苔丝能开心地做每一件事情，都尽量不去纠正她的自卑心理，这样反而使她更加退缩。苔丝变得紧张不安，躲开了所有的朋友，情形坏到她甚至怕听到门铃响。苔丝只知道自己是一个失败者，又怕她的丈夫会发现这一点。所以每次出现在公共场合的时候，她都假装很开心，结果常常做得太过分。事后苔丝会为此难过好几天。最后不开心到她觉得再活下去也没有什么意思了，苔丝开始想自杀。

后来，是什么改变了这个不快乐的女人的生活呢？只是一句随口说出的话。有一天，她的婆婆向苔丝谈起她怎么教育她的几个孩子，婆婆说："不管事情怎么样，我总会要求他们保持本色。"

"保持本色"，就是这4个字！在那一刹那之间苔丝才发现自己之所以那么苦恼，就是因为她一直试着让自己生活在一个并不适合自己的模式中。

苔丝后来回忆道："在一夜之间我整个人改变了，我开始保持本色。我试着研究我自己的个性，自己的优点，尽我所能去学色彩和服饰知识，尽量以适合我的方式去穿衣服。主动地去交朋友，我参加了一个社团组织，他们让我参加活动时，我吓坏了。可是我每发言一次，就增加了一点儿勇气。这所有的快乐，是我从来没有想到可能得到的。在教育我自己的孩子时，我也总是把我从痛苦的经历中所学到的经验教给他们：'不管事情怎么样，总要保持本色。'"

自省自察,女人之大智大勇

自省者审视自我,使心理健康,摆脱低级情趣,克服病态畸形,净化心灵。自省有助于人格的完善和良好心理品质的培养,同时也成为强者的特征之一。

主宰自己不是口号式的宣言,而是情商强化的结果,是在奋进过程中的心理能动力量,是积极的心理自我暗示产生出来的结果。

露皮塔去了一趟两个儿子的学校,情况使她感到焦虑万分。"你这两个儿子反应太迟钝了。"老师对她说,"我们只好把他们编入与他们能力相仿的小组了。"校长也深有同感,还说"你在家里只讲西班牙语,把两个儿子弄得糊里糊涂的。他们不知道用英语该怎么说"。露皮塔自己从小就被认为智力很差,先是降级,被列入反应迟钝者之列,后来又不得不眼泪汪汪地退学了。她16岁出嫁,婚后生了两男一女。如今两个孩子都被列为低能者,这使她难以忍受。她决心自己帮助孩子,从自己求学做起。

露皮塔求人帮忙推荐自己上学,得到的答复是:"你的履历表明你反应迟钝、智力低下,我不能推荐你上学。"她泪流满面地走回家,哭着对自己说:别泄气!她又去找孩子们的校长商量,校长建议她到两年制的德克萨斯南方学院去试试。南方学院的登记员被她的强烈愿望所感动,答应她先试一年,不过"丑话说在前头,如果你考试不及格就得走"。就这样,她上学了,还兼顾家务,每天两头忙。全家都赞许她这一新的追求,可是却不太相信她能坚持下去。

到第一学年末,她惊奇地意识到:自己的能力不比别人差,自己应该有一个大学学位。于是,她除了继续在南方学院学习,又进了 70 英里远的一所大学学习。她每天 4 点起床,不怕苦累。3 年后,她取得了初级学院学位,还以优异的成绩取得了那所大学的理科学士学位。

无独有偶,在母亲的鼓励下,孩子们各方面的能力也有所提升,成绩一天天地提高,自信心也随之增强。最终,学校把他们转到正常的班级里。

1971 年,露皮塔被授予文学硕士学位,又担任了由豪斯登大学发起的墨西哥美国文化研究会的理事。新的工作又促使她去攻读行政管理的博士学位,并在学习工作之余在大学任教,每周还给基督教女青年夜校上两次课。1977 年她取得博士学位,获得了颇具威望的美国教育委员会的会员资格。她是有史以来第一个获得该委员会奖的拉丁美洲女人(她是墨西哥人)。1981 年,她又被提升为拥有 31000 名学生的豪斯登大学的校长助理。她的成功大大地鼓舞了她的孩子,后来,她的长子成为内科医生,她的次子成为一名律师。

一家两代人都曾被打入智力低下的行列,可是他们却靠自己的不懈努力改变了命运。很多情况下,人们的命运都是由别人和外物所控制,当你陷入挫折的情绪中时,要及时调整自己,战胜自己,要拿信心和勇气拯救自己,否则,没有什么能拯救自己。

古希腊一座神庙里镌刻着一句名言:认识你自己。这是这座神庙里唯一的碑铭,它要求人们在情绪产生的时候,就能觉知它的存在,进而有目的地调控它。

自我省察对于每一个女人来说都是严峻的。要做到真正认识自己,客观而中肯地评价自己,常常比正确地认识和评价别人困难得多。能够自省自察的人,是大智大勇的人。

自省是自我动机与行为的审视与反思，人们用自省清理和克服自身的缺陷，以达到心理上的健康完善。它是自我净化心灵的一种手段，情商高的人最善于通过自省来了解自我。

自省是现实的，是积极有为的心理，是人格上的自我认知、调节和完善。自省同自满、自傲、自负相对立，也根本不同于自悔、自卑这种消极病态的心理。

从心理上看，自省所寻求的是健康积极的情感、坚强的意志和成熟的个性。它要求消除自卑、自满、自私和自弃，消除愤怒等消极情绪，增强自尊、自信、自主和自强，培养良好的心理品质。

自立的女人能够主宰自己的命运

事业的成功，往往取决于能否战胜自己的软弱，不给自己倒在地上爬行的理由。面对艰难的情况，要保持内心的宁静，沉着冷静地应付，从而主宰自己的命运。

我们应该做命运的主人，而不应由命运来摆布自己。西方哲学家蓝姆·达斯讲过一个真实的故事。一个因病而仅剩下数周生命的妇人，一直将所有的精力都用来思考和谈论死亡有多恐怖。

以安慰垂死之人著称的蓝姆·达斯当时便直截了当地对她说："你是不是可以不要花那么多时间去想死，而把这些时间用来想活呢？"

他刚对她这么说时，那妇人觉得非常不快。但当她看出蓝姆·达斯眼中的真诚时，便慢慢地领悟到他话中的诚意。

"说得对！"她说，"我一直忙着想死，完全忘了该怎么活了。"

一个星期之后，那妇人过世了。她在死前充满感激地对蓝姆·达斯说："过去一个星期，我活得要比前一阵子丰富多了。"

另有一位朋友，因为幼年时患了一场大病，命虽保住了，下肢却瘫痪了。他的父亲是邮局干部，在他中学毕业后便设法在邮局给他安排了一份可以坐着不动的工作，工资及各种福利待遇都与常人无别。在这个岗位上，他干了 3 年。按说，一个重残的人，能有一份安稳有保障的工作，应该感到十分满足了。他的许多身体健康的同学，都还在为谋一份职业而四处奔波呢。但他却辞职了，因为他在人们的目光中，不但看到了同情，更看到了怜悯和不屑。他的自尊心在这种目光中一次次被刺伤，所以纵是父亲的耳光和母亲的哭求都没能阻止他。

辞职后，他先是开了一间小书店，但不到半年便因城市改造房屋拆迁而不得不关门。之后，他又与人合办了一家小印刷厂，也仅仅维持了一年多，便因合伙人背信弃义而倒闭。两次经商，都没能成功，而且还债台高筑，这时他的父母和朋友们又来劝他说："你一个残疾人，就别胡折腾了，多少好手好脚的人都碰得头破血流呢，何况你！"父亲劝他还是老老实实回邮局上班。但他还是没有回头，而是又选择了开饭店。这次他吸取前两次的教训，一年下来，小饭店竟赢利了两万多元，于是他又开了两家连锁店。10 年之后，他的连锁店不但在他居住的城市生根开花，而且还不断在周边的大小城市一间间开张。他自然也就成了事业成功的老板，并且娶了漂亮能干的妻子。有人问他成功的经验，他说了很多，但他说最重要的，就是千万不要同情自己。别人同情你不要紧，若自己同情自己，就会成为懦夫，而没有勇气去奋斗，一辈子只能在别人的同情中生活。

当我们面对生命中不可避免的病痛、损失、挫败的时候，常常会因为不断地专注在病痛、折磨、惧怕的本身，而使得日子更加难过，甚至许多人因此觉得"活不下去了"，而竟然走上轻生的不归路。没有人喜欢面对人生痛苦的部分，但只有那些明了自己的思想动力、愿意并成功自我掌控的人，才能够避免将现有的苦痛不断放大，才具备较佳的应对能力。在现实生活中，不单是身有残疾和病痛的人，就是健康的人，在遭遇挫折和失败的打击时，也会产生出悲观失望、自怜自卑的情绪来。在这种情绪的笼罩下，人往往不是寄希望于他人的援手，就是一蹶不振，失去重新尝试的勇气。其实，不同情自己，对自己进行鞭策和批判，反省和检讨失败的原因，才会走出懦弱心理的陷阱。

事业的成功，往往取决于能否战胜自己的软弱，不给自己倒在地上爬行的理由。

许多人抱怨自己命运不济，因为缺少机会。那么机会对人生究竟有多重要呢？其实机会就像买彩票一样，投入得越多，失望的概率就越大，因此，相信机会有时也是一种自欺欺人。

麦士是位成功的商人，却不幸患上了白内障，视力严重受损，不要说阅读写作，就连驾车外出都极其艰难。与他一同患病的一位病友受不了这种折磨，每天不是喝得酩酊大醉，就是对着别人大发雷霆，仅仅过了半年，那位病友便离开了人世。目睹此景，麦士倍感凄凉。因为疾病，他已不得不结束原来的生意。他的生活渐渐陷入了困境。

在那段举步维艰的日子里，书给了酷爱阅读的麦士很大的慰藉。因为患病，麦士深深体会到视力不良者的不便与需要，他决定寻找一种能够容易阅读的字体。

经过差不多一年的研究，麦士发现在纸上印有粗线条的斜纹字体，不但对视力有障碍的人大有帮助，也能提高一般人的阅读速度。于是，麦士把自己仅有的 15000 元存款从银行里取了出来，把这组新研究出来的字体整理妥当,计划全面推广。麦士在加州自设印刷厂,第一部特别印刷而成的书面市了。一个月内,麦士接到了订购 70 万本的订单。

选择的权利是上帝赐予女人的最宝贵的礼物

我们之所以会感受到自己拥有控制感,就是因为我们有选择的权利,如果有人硬生生剥夺了我们这项天赋权利,就等于要我们不能自主地思考、言语、行动……

在我们有限的生命中,上苍赋予了我们许许多多宝贵的礼物,"选择的权利"就是其中的一项。

既然上帝赐给了我们,我们就有权利进行思考、言语、行动,也有权决定自己的举止,要不要相信某些事情。一般人总以为只有在决策时才需要选择,其实,即使不是进行决策,我们所做的每件事情也都是一种抉择。

日常生活中,会让我们产生压迫感的事情多得不胜枚举,其中,失去控制感就是最令人头痛的一种。我们之所以会感受到自己拥有控制感,就是因为我们有选择的权利,如果有人硬生生剥夺了我们这项天赋权利,就等于要我们不能自主地思考、言语、行动……

正因为这是上苍赋予人类的礼物,所以,不论面对何事,我们都可以自行决定是不是要插手,选择权永远在我们自己。暂且不管我们做了什么选择——勇于面对事情也罢,逃避现实也好,只要一抉择,我们就会感到那种控制感又回到自己的身上。

很多人老是抱怨自己活在别人的阴影里，什么事都由别人控制着，自己就像是傀儡一样任人摆布。殊不知要怎么活、该怎么过都是自己选择而来的，哪能怪得了他人。

没错，人总是有很强的控制感，除了想完全控制自己之外，也想控制别人。无形之中，他人的一举一动会侵犯你的权利领域，但是，当碰到这种外来的侵犯时，你本身的控制感难道不曾抵抗过吗？

因此，假如你也有过丧失了控制感的疑虑，你该自省一下，是不是了解自己的选择权利何在？有没有充分运用它？

想要对自己好一点，就该善用你的控制权，这样才能减少压迫感。

没人能完全左右自己的命运，但至少该充分掌握选择的权利；若抉择之后，又全力以赴，成败就不必计较了。

一天，好斗的武士向一位老禅师询问天堂与地狱的含义。

老禅师说："你性格乖戾，行为粗鄙，我没有时间跟你这种人论道。"

武士恼羞成怒，拔剑大吼："你竟敢对我这般无礼，看我一剑杀死你。"

禅师缓缓道："这就是地狱。"

武士恍然大悟，纳剑入鞘，伏地鞠躬，感谢禅师的指点。

禅师又言："这就是天堂。"

武士的顿悟说明，人在陷入某种情绪时往往并不自知，总是在事情发生之后，经过有意识地反省才会发现。

当你开始观察和注意自己内心的情绪体验时，一个有积极作用的改变正悄然发生，那就是情商的作用！

高情商的女人往往能有效地察觉出自己的情绪状态，理解情绪所传达的意义，找出某种情绪和心境产生的原因，并对自我情绪作出必要和恰当的调节，始终保持良好的情绪状态。

低情商者则因不能及时地认识到自我情绪产生的原因,自然无法有效地进行控制和调节,致使消极情绪如雾一样弥漫心境,久久不退。

由于苦难、逆境,甚至是生理缺陷,产生和造就了一些伟大的人物,因此在很多人的心目中便形成了一种对苦难和逆境的崇拜,而这种崇拜往往是盲目和消极的。实际并非如此,不论逆境还是顺境,都要有一种积极健康的人生态度,即使步入顺境也要努力为自己设置新的高尚目标,在追求这一目标中迎接新的困难和挑战,从而发展和完善自己的人格,而不可以倒退或停留,在困苦中应该保持心志。逆境并非是造就一种积极人格的充分条件,无数处在困苦和逆境中的人们没有任何改变现状的动力。仅就客观环境而言,我们至少可为这种缺乏刺激的逆境找到两个原因:一是这一环境是封闭的,没有对比的苦难不会给当事者更多的刺激;二是这一环境是窒息的,处在其中的人看不到任何改变和跳出这一环境的机会,于是他们就认命了。逆境中的压力可以成就一些人,但也可能摧毁一些人。逆境中产生的过度自卑会瓦解一个人的活力。

一个有抱负的人,必定想在社会中实现自己的理想,让自身价值得到社会的承认。但是我们每跨出一步,必然会遇到一些意料不到的阻力。不同的环境对人们的作用是不同的。顺境与逆境、苦难与舒适使当事者付出的代价也是不同的。我们的哲学不是在陈述和分析这些代价后,使人见异思迁或替自己的堕落与沉沦辩护,而是帮助人们认清现实,更好地适应地位的沉浮与环境的变迁。

各个击破,有时也可以作为我们日常生活的脱身之术。一次,世界著名音乐大师施特劳斯带着他的交响乐团到美国波士顿演出。首场演出结束后,痴迷的听众高呼着施特劳斯的名字,不肯让乐队退场。施特劳斯决定不让他的观众扫兴,便同乐队队员们继续演出。等到听众们尽兴而归时,早已是夜深人静。"如果再这样下去,乐团将被掌声搞垮。"面对热情的听众,施特劳斯又高兴又忧虑,如何才能用一个万全之策,既能让乐队顺利退场,又不使听众扫兴呢?一个妙计在他脑海中产生了。第二天,当演出临近结束时,施特劳斯指挥乐团演奏了一首新谱的曲子。只见他在一小节与另一小节过渡的时候,便暗示一名乐手起身退场。专心致志的听众以为是演奏内容的需要,没有在意。演奏仍在继续,乐手一个接一个地退下场去,等最后一名乐手起身退场时,施特劳斯转身向观众深鞠一躬,也走下舞台,大幕随之徐徐落下。这时,听众们才醒悟过来,掌声四起。可是大幕已经落下了,观众只好作罢。

保持原有的个性和特质,
塑造一个真我

一个真正懂得与时代共舞的人,绝不会因场合或对象的变化而放弃自己的内在特质,盲目地去迎合别人。你要作为你自己出现,而不是为了他人。

生活充满了误区。想集所有优点于一身的念头,是最愚蠢和荒谬的。

这其实揭示了一个简单的真理,对自身能力抱有信心的女性,比缺乏自信心者更有可能获得成功,尽管后者很可能比前者更有能力、更加勤奋。重要的是要坚信自己必定会获得成功。

即使在你尚未达到目标之时,也应以成功者的姿态出现。如果你认为自己有朝一日获得成功后,要让自己戴镶有钻石的耳环或金手镯,要携带一个精致的钱包和一个漂亮的手提箱,那么从今天起你就设法戴上或携带这些象征成功的东西。它们会使你此时此地就感觉到成功,也会使你在别人面前显得是个成功者。事实上,这是一种增强自信心的方式。

花点儿时间大胆地想象一下,如果你登上事业高峰,步入爱情殿堂,生活将是什么样子。不妨做点儿白日梦。在白日梦里,想象自己达到某种预期目标,并在想象中体会成功的喜悦。所有这些,都有助于你保持心情舒畅,有助于你在工作和生活的每个阶段都充满强有力的自信心。

作为一名女性,在人际交往中,我们总希望能给别人留下良好的印象,使人喜爱自己、信任自己。这样也有助于增强自己的自信心。要做到这一点,我们应常常设法改变一下自己的行为举止、言谈习惯、兴趣爱好,等等,不断地加强自我修养,以便适应社会的需要。然而,这种自觉的自我改变,并不意味着要使你变成另外一个人,变成一个只会模仿或迎合别人口味的演员,甚至故意掩饰自己的真情实感,或把自己的本来面目掩盖起来,完全放弃自我的内在灵魂,把自己变成社交场上的面具。其实,这种做法并不可取,它不仅使你失去自我,也会让你步入缺乏自信心的泥淖。只有那些没有自信心的人,才会无原则地迎合他人。

其实,增强自信心最好的办法,是保持你原有的个性和特质,塑造一个真我。内在的修养是最重要的。一个真正懂得与时代共舞的人,绝不会因场合或对象的变化而放弃自己的内在特质,盲目地去迎合别人。你要作为你自己出现,而不是为了他人。我们时常发现一些人,他们总觉得自己不如别人,于是随着环境、对象的变化而不断变换自己,结果弄得面目全非。保持一个真实的自我并不等于要标新立异,甚至明明知道自己错了或具有某种不良习惯而固执不改。保持真我,是保持自己区别于他人的独特、健康的个性。这种人是真正具有自信心的人。那些具有个性的人,当然更具备无穷的魅力。他们无论在何种情况下,都会保持一个真实的自我,并会恰到好处地表现自己独有的一切,包括声调、手势、语言,等等。因此,充满自信地在他人面前展现一个真实的自我吧,不必为讨好他人而刻意改变自己,尽力成就真实的自我,用你的坦诚赢得他人的坦诚,以自信的步伐行进在人生的路上。

"如何保持自己的本色,这一问题像历史一样古老,"詹姆斯·季尔基博士说,"也像人生一样的普遍。"不愿意保持自己的本色,包含了许多精神、心理方面潜在的原因。安古尔·派克在儿童教育领域曾经写过数本书和数以千计的文章。他认为:"没有比总想模仿其他人,或者做除自己愿望以外的其他事情的人更痛苦的了。"

这种渴望做与自己迥然相异的人的想法,在好莱坞女性演员中尤其流行。山姆·伍德是好莱坞最知名的导演之一,他说当他在启发一些年轻女演员时,所遭遇到的最令人头痛的问题,是如何让她们保持本色。她们都愿意做二流的凯瑟琳·赫本。"这些套路的演技观众们已经无法容忍了,"山姆·伍德不断地对她们说,"你们更需要塑造出自己新的东西"。

美国素凡石油公司人事部主任保罗曾经与6万多个求职者面谈过,并且曾出版《求职的六种方法》一书。他说:"求职者最容易犯的错误就是不能保持本色,不以自己的本来面目示人。他们不能完全坦诚地对人,而是给出一些自以为你想要的回答。"可是,这种做法毫无裨益,没有人愿意聘请一个伪君子,就像没有人愿意收假钞票一样。

著名女心理学家玛丽曾谈到那些从未发现自己的人。在她看来,普通人仅仅发挥了自己10%的潜能。她写道:"与我们可以达到的程度相比,我们只能算是活了一半,对我们身心两方面的能力来说,我们只使用了很小一部分。也就是说,人只活在自己体内有限空间的一小部分里,人具有各种各样的能力,却不懂得如何去加以利用。"

你我都有这样的潜力,因此不该再浪费每一秒钟。你对于这个世界来说是全新的,以前从未有过,从开天辟地一直到今天,没有任何人和你完全一样,也绝不可能再有一个人完完全全和你一样。遗传学揭示了这样一个秘密,你之所以成为你,是你父亲的23对染色体和你母亲的23对染色体在一起相互作用的结果,46 对染色体加在一起决定你的遗传基因。"每一个染色体里,"据研究遗传学的教授说,"可能有几十个到几百个遗传因子——在某些情况下,一个遗传因子都能改变一个人的一生"。毫无疑问,我们就是这样"既可怕又奇妙"地被创造出来的。

也许你的母亲和父亲注定相遇并且结婚,但是生下孩子正好是你的机会却是 30 亿分之一。也就是即使你有 30 亿个兄弟姐妹,他们也可能与你完全不同。这是推测吗?不是,这是科学事实。

卡耐基曾准备写一本书,从一开始构思他就希望它成为公开演说中最好的一本书。在写作过程中,卡耐基计划将其他作者的观念借用过来,全部放在一本书里,使之成为一本包罗万象的"百科全书"。于是,他买了许多有关公开演讲的书籍,花了一年时间将其中的概念写进书中。到了最后他发现自己做了一件傻事,这种将一堆庞杂的观念拼凑起来的东西,十分做作、十分沉闷,毫无可读性。因此,他将一年的心血全部丢进了废纸篓,一切又重新开始。

他对自己说:"你一定要保持自己的本色,无论有多少错误,都不可以变成别人。"他不再试图做其他人的综合体,而是卷起袖子来,做自己本该做的事情。他写了一本关于公开演讲的教科书,完全以自己的经验、观察,以一个演说家和一个教师的身份写作。正如华特·罗里爵士曾经说过的:"我无法写一本与莎士比亚媲美的书籍,但却可以写一本由我自己写作的书。"

保持自己的本色,像欧文·柏林给已故的乔治·盖许文的忠告那样。柏林和盖许文初遇时,柏林已有很大的名气了,而盖许文不过是一个刚出道的年轻作曲家,收入有限。柏林十分欣赏盖许文的才华,就问盖许文愿不愿意做自己的秘书,薪水大概是他当时收入的两倍。"但我建议你不要接受这份工作,"柏林同时也忠告说,"如果你接受了,你可能会变成一个二流的柏林,但如果能继续保持自己的本色,总有一天你会成为一个一流的盖许文"。

盖许文接受了这一忠告,并最终成为美国著名作曲家之一。

卓别林初入电影界时,许多电影导演都坚持要求卓别林去模仿一位当时十分著名的德国喜剧演员。可卓别林一直到创造出一套自己的表演方法之后,才开始成名。

成功女性宣言:

你应该为自己是这个世界上独一无二的个体而庆幸,应该充分利用自然赋予你的一切。从某种意义上说,所有的艺术都带有一些自传性质。你只能唱自己的歌,只能画自己的画,只能做一个由自己的经验、环境和家庭造就的你。

所以,女性朋友们,千万不要模仿他人。让我们找回自己,保持本色吧。

独特的看法,女性成功的重要砝码

保持自己独特的看法让撒切尔夫人获得了巨大的成功。女性需要更多的独特看法,这是成功法则的重要砝码。

撒切尔夫人是 20 世纪享誉全球的成功女性之一。这位素有"铁娘子"之称的女人,在历史的舞台尽展风采,让世界见识了成功女人的另一种人生。

撒切尔夫人生于英格兰肯特郡的格兰瑟姆。她在上学期间化学成绩极为出色,曾赢得牛津大学萨默维尔学院奖学金。大学期间她积极投身学生政治活动,任大学保守党协会主席。1951 年与丹尼·撒切尔结婚,并开始攻读法律,1953 年林肯律师协会批准她为律师。

撒切尔夫人于 1959 年当选为保守党下院议员。1961 年任年金和国民保险部政务次官。1964 年任下院保守党前座发言人。1970 年任教育和科学大臣。1975 年 2 月当选为保守党领袖。1979 年保守党大选获胜,撒切尔夫人出任首相，成为英国历史上第一位女首相。1983 年 6 月和 1987 年 6 月连任首相。1990 年 11 月辞去首相职务。1992 年 6 月被封为终身贵族。1993 年 5 月任威廉—玛丽学院第 21 任名誉院长。

撒切尔夫人精于理财，上任后采取紧缩银根、遏制通货膨胀的措施，在公共事业方面削减大量开支，提高信贷利率。她在苏联侵略阿富汗问题上持强硬态度，赢得了"铁腕夫人"的称号。1982 年在与阿根廷就福克兰群岛发生争端的问题上，她同样采取了不妥协政策，做出派遣特混舰队攻占福克兰岛的决定，从而闯过她政治生涯中的紧要关头。她在 1983 年的大选中再次获胜，也再度出任英国首相。在中英有关香港回归的谈判中，尽管她言辞激烈，但仍顺应历史发展的潮流与中国政府发表了有关香港问题的联合声明，通过谈判解决香港问题。

撒切尔夫人不仅在个人人生和家庭生活中表现出女性特有的魅力，在英国和国际上的风云变幻中也是左右逢源、游刃有余。她对人生、家庭、社会、国家和国际问题都有着自己独特的看法。

撒切尔夫人作为"铁娘子"早已闻名于世。她不仅自强自立，而且还有作为家庭主妇的精干细腻和作为女性的温柔美德。

撒切尔夫人在政治上属于英国保守党的右翼。从这一立场出发，她对各种问题自然有自己的看法，并且直言不讳。

19 世纪与 20 世纪之交，大英帝国开始走向衰落，在第二次世界大战中遭到严重削弱，其国力落在了后起的资本主义国家之后。撒切尔夫人步入政坛时，"英国病"这一沉疴正在日益严重地缠绕着英国。她抱着振兴英国的决心走进了政坛，并为英国开出了以提倡自由竞争、减少政府干预、控制货币发行量，以及回归家庭美德为特征的"撒切尔主义"处方。撒切尔夫人任英国首相长达 11 年之久，不仅在英国而且在世界政治舞台上都发挥了一定的影响，也使得她成为一名屹立在世界政坛上的杰出女性。

走出闺房，在广阔的天地中一展身手

一份称心的工作，出色的工作能力，成功的决策能力，是出类拔萃的女性必备的因素。一个人能否充分发挥自己的聪明才智，把握住成功的要素，选择职业很关键。

工业文明和现代社会的发展给女性带来了解放和地位的提升，也带来了机遇和挑战，她们必须同时面对家庭和职业两种角色，并进行孰轻孰重的选择，冲突的内核是，到底哪个角色的成功和胜任能代表她们的成功。其实，今天的女性早已经认识到了，要想被这个社会承认，就必须和男人一样拼命地工作。因为她们知道，许多男人虽然嘴里时常喊着尊重女性，却一直没把女人放在眼里，女人要用自己的工作成绩证明给男人看，女人在工作上并不比他们差，她们必须和男人一样在社会上为自己争得一席之地，这对肯于付出辛勤劳动的女人来说并不是件难事。而对很多于事业有强大成功欲望的女性而言，事业上的成就可以使家庭生活更幸福，这样的愿望也并不是虚幻的，而是可以实现的。这样的女人知道如何去协调两者之间的关系，虽然她知道工作占去了自己绝大部分的精力和时间，但她善于与丈夫、孩子共享自己工作的喜悦，就像惠普的高管卡莉·费奥莉娜一样，她能让家人将自己的事业当做全家人的事业。她们不想再重复夫贵妻荣的故事，而更相信女人和男人一样可以事业有成。正如一位成功女士自己说的那样："改革开放就是妇女解放，其实每一个女性和每一个男性都是一样的,有很多创造价值的机会。女性过去不会干的,现在可以干了;男性能够做到的,女性都能够做到,这使我们的标准更加提高了。"

今天,成功的女性们不再那么相信"伟大的男人背后,都有一个伟大的女人"的信条,她们信奉的是工作中的女人才是真正美丽的女人。

今天的女性想成功,不仅要能走出闺房,飞出自己的小巢,而且更重要的是要能在广阔天地一展身手,并且相当有所作为。这才是成功的女人。

于是,一份称心的工作,出色的工作能力,成功的决策能力,也就成为出类拔萃的女性必备的因素。一个人能否充分发挥自己的聪明才智,把握住成功的要素,选择职业很关键。初涉职场的女性,一定要多动脑筋,选择一份真正适合自己的职业。而有了一份称心的工作之后,如何在工作中顺利起步,做出业绩,就是你面临的最严峻的挑战。

以下是需要具备的基本的职业精神。

◆生活是需要真诚面对的

初入社会的女性要切记,无论从事何种职业,不但要在自己的岗位上做出成绩来,还要在自己做事的过程中,形成自己完美的职业精神以及高贵的品格。无论是做律师、医生、商人、职员、教师、公务员,还是家庭妇女,你都不要忘记,你是在做一个保持自己风格的人,你是在做一个具有真正高尚品格的人。这样,你的职业生涯才能有重大的意义。

◆工作不单单是为了薪水

刚跨入社会,每个女孩都希望能够得到一份高薪的工作,为此,有些人可以放弃自己的兴趣爱好,甚至专业知识。

的确,每个人都希望能够挣高薪,但女性更应该切切牢记,在开始工作的时候,不必太顾虑薪水的多少,但一定要注意工作本身所给予你们的报酬,比如发展你们的技能,增加对你们的考验,使你们的人格受人尊敬,等等。领导或上司所交付的工作可以发挥我们的才能,所以,工作本身就是我们人格品性的有效训练工具,而企业就是我们生活中的又一所学校。有益的工作能够使人思想丰富,增长智慧。一个女人如果只为了薪水而工作,此外别无其他较高的动机,那么她是不忠实、不成熟的。而受她欺骗最厉害的人,正是她自己。她在日常工作的量与质中欺骗了自己,因这种欺骗而蒙受的损失,日后即使再怎样地奋起直追、振作努力,也是永远不能补偿的。所以,如果一个女人只是为了薪水而工作,而没有更高尚的目的,实在不是一种明智的选择。

◆ **自信自强,积极主动**

每一位年轻女性,如果心中不断地想着要得到某一东西,同时孜孜不倦地为此奋斗着,最终总能如愿以偿。世间有许多人,就因为明白了这层道理,而挣脱了生活工作中的诸多不如意。你的自尊表现得越强越好——即使自我感觉不那么理想也不要紧。你要像戏剧演员一样注意你的声音和动作,让别人听起来觉得你是有自信的。这一点对于刚进入社会的女性来说尤为重要。

◆ **树立勇当第一的雄心**

其实,每一个女人都曾以饱满的生命力开启人生,并充满了期待。然而,随着她们踏入社会,遭受的挫折与失败也为女人们设下了重重障碍,而且这些障碍会越来越艰难,使女人们对于自身和世界的希望逐渐降低。如何克服这些自我设定的限制,保持积极的心态,让自己勇敢地去追求和充满希望呢?要做到这一点,必须在自己身上运用一些独特的思想策略,这就要有第一意识,也就是一种王者的意识。

一个女人的雄心,就是对自己未来的预言。

人们常说,入对行,就已成功一半。在今天激烈的竞争中,女性如何才能取得成功呢?时代的进步,社会观念的改变,对于性别的限制已大为改观。其实具有良好的素质、优秀的学习工作业绩和较强的人际交往能力的女性,在任何时候都会受到用人单位的欢迎。无论是男还是女,一个优秀的人才走到哪里都是香饽饽,有谁能说吴士宏、卡莉·菲奥莉娜不是最杰出的人才?而女性在语言表达能力,刻苦精神和忍耐力、记忆力、认真细致程度等方面,一般都比男性强。因此,女性在职业生涯设计过程中,要敢于表现自己的自信心,尽量发挥和运用自己的优势,要适度展示自己的魅力,这样所产生的工作效率是男性所望尘莫及的。

◆**女性的职业优势**

其实,女性在社会职场中具备一些特别的优势。这些优势有:

女性在语言表达和词汇积累方面比男性强,一般女性都比男性口齿伶俐,而这正是现代社会人才必备的条件之一。

女性在听觉、色彩、声音等方面的敏感度比男性高 40%,在竞争激烈、信息多变的生意场上,这也是成功者必须具备的良好素质之一。

有人说,做生意是一种高水平的数字游戏,女性记忆力尤其是短期记忆力远远强于男性,在精打细算方面女性往往比男性详尽得多,这又为女性做好生意奠定了基础。

相比之下,女性比男性更富有坚持性。比如在同样情况下,女人对某一件事情很难改变自己的观点,男性则相反,很容易放弃自己原先的想法。这说明,女性更接近于现代企业家的良好素质要求。

女性发散思维能力优于男性,她们对某件事进行思维判断时,常常会设想出多种结果,而男性则习惯于沿袭一种思路想下去。发散思维能力,恰恰是新产品开发、企业形象设计等方面所要求的。

女人的直观能力比男人准确。女人似乎有一种先天赋予的特性,她们对某些事、某个人常常不用逻辑推理,单凭直觉就能准确地看透,而男性在这方面则望尘莫及,这就为女性在生意场中及时捕捉机遇提供了有利条件。

女性比男性有更大的忍耐性。同样情况下,遇到同一问题,女性往往耐心很大,而男性则常常急不可待。

女性的操作能力和协调能力都比男性强。在如今科技高度发达的信息时代,越来越多的行业都在使用越来越多的易于操作的电子化设备,在寻找工作方面女性开始显示出比男性更大的优越性。所以有人说:"工业时代劳动者的典型形象是男性,在信息时代工作的典型形象应当是女性。"随着历史的发展,此话的真实性将得到越来越多的验证。

另外,对于广大女性朋友来说,了解女性适合的知识领域和行业,是构建你自身知识结构的出发点。适合女性的行业和知识领域如下:服务业、教育业、传播业、广告业、会计业、股票业、律师业、艺术界等。

◆认清自己的择业优势

认清自己的择业优势对于女性来说相当重要,这直接决定了择业的成败。自我认识一定要全面、客观、深刻,绝不能回避自己的缺点和短处。"当局者迷,旁观者清",可参考家庭、同学、朋友、师长等的意见,力争真正全面地认识自我。对自己认识越客观,越能把握自己,越能选对职业和事业方向。这样才能使自己更接近成功一步。

你的优势。你学习了什么?在学校期间,你从专业学习中获取了什么收益?社会实践提高和升华了哪些方面的知识和能力?这些是你客观评价自我优势的前提。努力学好专业课程将为你今后的职业设计打下坚实的基础。要注重学习、善于学习,同时要善于归纳、总结,把单纯的知识真正内化为自己的智慧,为自己今后走上社会多准备点儿后备能源。

你曾经做过什么?在学习期间担任的学生会或社团的职务、社会实践活动取得的成就,都是很重要的工作经验和阅历的积累。要提高自己经历的丰富性和适用性,你应该有针对性地选择尽量与职业目标相一致的工作项目,坚持不懈地努力工作,这样才会使自己的经历显得更有意义。

最成功的是什么?你做过的事情中哪些是最成功的?如何取得成功的?

通过分析,可以发现自己的长处,譬如坚强刚毅、智慧超群,以此作为挖掘个人深层次能力之源和魅力闪光点,形成职业设计的有力支撑。

你的弱势。你性格的弱点是什么?人无法避免与生俱来的弱点,这就意味着,你在某些方面存在着先天不足,是你力所不能及的。要使自己安下心来,多跟别人聊聊,看看别人眼中的你是什么样子,与你的预想是否一致,找出其中的偏差,这将有助于自我提高。

你的生活经验或工作经历中所欠缺的是什么?欠缺并不可怕,怕的是自己还没有认识到,或认识到了而一味地不懂装懂。正确的态度是认真对待,善于发现,努力克服和提高,你可以写出"给我时间,我可以做得更好"的座右铭,以激励自己增强自信心。

选择好的职业方向,直接决定着一个人的职业发展,因而需要倍加慎重。可按照职业设计的"择己所爱、择己所长、择世所需、择己所利"4项基本原则,结合自身实际确定职业方向和目标。

根据职业方向选择一个对自己有利的职业和得以实现自我价值的组织,是每个人特别是女性的良好愿望,也是实现自我理想的基础,但这一步的迈出要相当慎重。就人生第一个职业而言,它往往不仅是一份单纯的工作,更重要的是它会使你初步了解职业、认识社会可以说它是你职业的启蒙老师。如你欲从事技术工程师工作并想有所作为,你可以设定自我发展计划:选择一个什么样的组织,预测自我在组织内的职务提升步骤,个人如何从低到高拾阶而上;从技术员做起,在此基础上努力熟悉业务知识、提高技术能力,最终达到技术工程师的理想生涯目标;预测工作范围的变化情况,不同工作对自己的要求及应对措施;预测可能出现的竞争,如何相处与应对,分析自我提高的可靠途径;如果发展过程中出现偏差,如果工作不适应或被解聘,如何改变职业方向。

第 7 个礼物

 宽 容

女人幸福的胸怀优势

　　宽容是一种修养，是一种品质，更是一种美德。宽容不是胆小无能，而是一种海纳百川的大度。

　　宽容是女人的一种智能，懂得宽容的女人，是生活的智者。她因为目光远大，所以心胸开阔，善明事理，勇于开拓。她追求的是不变的将来，永恒的春天，竞争的人生。

宽容是一种风度，宽恕是一种风范

宽容，对人对己，都可成为一种无须投资便能获得收益的精神补品。学会宽容不仅有益于身心健康，且对赢得友谊，保持家庭和睦、婚姻美满，乃至事业的成功都是必要的。

一天早晨，格兰的礼品店依旧开门很早。格兰静静地坐在柜台后边，欣赏着礼品店里各式各样的礼品和鲜花。

忽然，礼品店的门被推开了，走进来一位年轻人。他的脸色显得很阴沉，眼睛浏览着礼品店里的礼品和鲜花，最终将视线固定在一个精致的水晶乌龟上面。

"先生，请问您想买这件礼品吗？"格兰亲切地问。

可是，年轻人的眼光依旧很冰冷。

"这件礼品多少钱？"年轻人问。

"50元。"格兰回答道。

年轻人听格兰说完后，伸手掏出50元钱甩在柜台上。

格兰很奇怪，自从礼品店开业以来，她还从没遇到过这样豪爽、慷慨的买主呢。

"先生，您想将这个礼品送给谁呢？"格兰试探地问了一句。

"送给我的新娘，我们明天就要结婚了。"年轻人依旧面色冰冷地回答着。

格兰心里咯噔一下：什么，要送一只乌龟给自己的新娘，那岂不是给他们的婚姻安上了一颗定时炸弹？

　　格兰想了一会儿，对年轻人说："先生，这件礼品一定要好好包装一下，才会给你的新娘带来更大的惊喜。可是今天这里没有包装盒了，请您明天早晨再来取好吗？我一定会利用晚上的时间为您赶制一个新的、漂亮的礼品盒……"

　　"谢谢你！"年轻人说完转身走了。

　　第二天清晨，年轻人取走了格兰为他赶制的精致的礼品盒。

　　年轻人匆匆地来到了结婚礼堂——但新郎不是他而是另外一个年轻人！

　　他快步跑到新娘跟前，双手将精致的礼品盒捧给新娘。而后，转身迅速地跑回自己的家中，焦急地等待着新娘愤怒与责怪的电话。在等待中，他的泪水扑簌簌地流了下来，有些后悔自己不该这样做。

　　傍晚，刚刚结束婚礼的新娘便给他打来了电话："谢谢你，谢谢你送我这样好的礼物，谢谢你终于能原谅我了……"

　　新娘高兴而感激地说着。年轻人万分疑惑，他什么也没说，便挂断了电话。但他似乎又明白了什么，迅速地跑到了格兰的礼品店。

　　推开门，他惊奇地发现，在礼品店的橱窗里，依旧静静地躺着那只精致的水晶乌龟！

　　一切都明白了，年轻人静静地望着眼前的格兰。而格兰依旧静静地坐在柜台后边，冲着年轻人微微一笑。年轻人冰冷的面孔终于在这一瞬间被改变成一种感激与尊敬："谢谢你，谢谢你，你让我又找回了我自己。"

　　格兰将水晶乌龟这样一件定时炸弹似的礼品，换成了一对代表幸福和快乐的鸳鸯，竟在这短短的时间内，最大限度地改变了一个人冰冷的内心世界。

宽容是一种风度，宽恕是一种风范。宽容，对人对己，都可成为一种无须投资便能获得收益的精神补品。学会宽容不仅有益于身心健康，且对赢得友谊，保持家庭和睦、婚姻美满，乃至事业的成功都是必要的。一只脚踩扁了紫罗兰，它却把香味留在那只脚上。宽容是人生中的一种哲学，是成功女人的一件法宝。

忍让和宽容是女人建立良好
人际关系的法宝

生活中有许多事当忍则忍，能让则让。忍让和宽容不是懦怯胆小，而是关怀体谅。忍让和宽容是给予，是奉献，是人生的一种智慧，是建立人与人之间良好关系的法宝。

宽容是人生的一种智慧，是建立良好人际关系的法宝。

曾读过这样一篇文章：一位画家在集市上卖画，不远处，前呼后拥地走来一位大臣的孩子，这位大臣在年轻时曾经把画家的父亲欺诈得心碎地死去。这个孩子在画家的作品前流连忘返，并且选中了一幅画，画家却匆匆地用一块布把它遮盖住，并声称这幅画不卖。

从此以后，这个孩子因为心病而变得憔悴，最后，他的父亲出面了，表示愿意付出一笔高价。可是，画家宁愿把这幅画挂在自己画室的墙上，也不愿意出售。他阴沉着脸坐在画前，自言自语地说："这就是我的报复。"

每天早晨，画家都要画一幅他信奉的神像，这是他表示信仰的唯一方式。

可是现在,他觉得这些神像与他以前画的神像日渐相异。

这使他苦恼不已,他不停地找原因。然而有一天,他惊恐地丢下手中的画,跳了起来:他刚画好的神像的眼睛,竟然是那大臣的眼睛,而嘴唇也是那么酷似。

他把画撕碎,并且高喊:"我的报复已经回报到我的头上来了!"

这个故事告诉我们,一个人若心存报复,自己所受的伤害会比对方更大。报复会把一个好端端的人驱向疯狂的边缘,报复还能把无罪推向有罪。现在有很多的刑事案件就是因报复而引起的。

经心理学专家研究证实,报复心理非常有害于健康,高血压、心脏病、胃溃疡等疾病就是长期积怨和过度紧张造成的。有一位好莱坞的女演员,失恋后,怨恨和报复心使她的面孔变得僵硬而多皱,她去找一位最有名的化妆师为她美容。这位化妆师深知她的心理状态,中肯地告诉她:"你如果不消除心中的怨和恨,我敢说全世界任何美容师也无法美化你的容貌。"

哲人说,宽容和忍让的痛苦,能换来甜蜜的结果。这话千真万确。古时候有个叫陈嚣的人,与一个叫纪伯的人做邻居。有一天夜里,纪伯偷偷地把陈嚣家的篱笆拔起来,往后挪了挪。这事被陈嚣发现后,心想,你不就是想扩大点地盘吗,我满足你。他等纪伯走后,又把篱笆往后挪一丈。天亮后,纪伯发现自家的地又宽出了许多,知道是陈嚣在让他,他心中很惭愧,主动找上陈家,把多侵占的地统统还给了陈家。

《寓圃杂记》中记述了杨翥的两件小事。杨翥的邻人丢失了一只鸡,指骂被姓杨的偷去了。家人告知杨翥,杨翥说:"又不只我一家姓杨,随他骂去。"又一邻居,每遇下雨天,便将自家院中的积水排放进杨翥家中,使杨家深受脏污潮湿之苦。家人告知杨翥,他却劝解家人:"总是晴天干燥的时日多,落雨的日子少。"

久而久之,邻居们被杨翥的忍让所感动。后来,一伙贼人密谋欲抢杨家的财宝,邻人们得知后,主动组织起来帮杨家守夜防贼,使杨家免去了这场灾祸。

忍让和宽容说起来简单,可做起来并不容易。因为任何忍让和宽容都是要付出代价的,甚至是痛苦的代价。人的一生谁都会常常碰到个人的利益受到他人有意或无意的侵害的情况,为了培养和锻炼良好的心理素质,你要勇于接受忍让和宽容的考验,即使感情无法控制时,也要管住自己的大脑,忍一忍,就能抵御急躁和鲁莽,控制冲动的行为。如果能像陈嚣、杨翥那样寻找出一条平衡自己心理的理由,说服自己,那就能把忍让的痛苦化解,产生出宽容和大度来。

生活中有许多事当忍则忍,能让则让。忍让和宽容不是懦怯胆小,而是关怀体谅。忍让和宽容是给予,是奉献,是人生的一种智慧,是建立人与人之间良好关系的法宝。

怨恨注定会失败

怨恨是精神的烈性毒药,它使快乐不能产生,并且使成功的力量逐渐消耗殆尽,最后形成恶性循环。自己没有多大本领而又非常怨恨别人的人,几乎不可能和同事很好相处。

一个失败型个性的人,在寻找失败的借口和原因时,往往会责备社会、制度、人生、运气不好。对于别人的成功与幸福,总是愤愤不平,因为他认为,这些都足以说明生活使他受到不公平的待遇。愤愤不平是企图用所谓不公正、不公平等现象来为自己的失败辩护，使自己感到好过一些。可是实际上，作为对失败者的安慰，怨恨是非常不可取的办法，比生病还糟。怨恨是精神的烈性毒药，它使快乐不能产生，并且使成功的力量逐渐消耗殆尽，最后形成恶性循环，自己并没有多大本领而又非常怨恨别人的人，几乎不可能和同事很好相处。

对于由此而来的同事对他的不够尊重或者领导对他工作不当的指责，都会使他加倍地感到愤愤不平。

怨恨是使自己觉得自己重要的一种方法。很多人以"别人对不起我"的感觉来达到异常的满足。从道德上来说，不公正的受害者和那些受到不公正待遇的人，似乎比那些造成不公正的人要高明。

心怀怨恨的人，是想在人生的法庭上证明他的委屈，如果他有怨恨之感就证明生活对他不公平，而有一些神奇的力量将会澄清那些使他产生怨恨的事情，使他得到补偿。从这个意义上来说，怨恨是对已发生之事的一种心理反抗或排斥。

怨恨的结果是塑造劣等的自我形象。就算怨恨的是真正的不公正与错误，它也不是解决问题的好方法，因为它很快就会转变成一种习惯情绪的。一个人习惯于觉得自己是不公平的受害者时，就会定位于受害者的角色上，并可能随时寻找外在的借口，即使对最无心的话，他也能很轻易地看到不公平的证据。

习惯性的怨恨一定会带来自怜，而自怜又是最坏的情绪习惯。这个习惯如果根深蒂固了，一旦离开了这个习惯，就会觉得不对劲、不自然，而必须开始去寻找新的不公正的证据。有人说这类人只有在苦恼中才会感到适应，这种怨恨和自怜的情绪习惯，会把自己想象成一个不快乐的可怜虫或者牺牲者。

产生怨恨的真正原因是自己的情绪反应。因此，只有自己才有力量克服它,如果你能理解并且深信怨恨与自怜不是使人成功与幸福的方法,你便可以控制住这种习惯。

怨恨的人把自己的命运交给别人,把自己的感受和行动交给别人支配,他像乞丐一样依赖别人。若是有人给他快乐他也会觉得怨恨,因为对方不是照他希望的方式给的;若是有人永远感激他,而且这种感激是出于欣赏他或承认他的价值,他还会觉得怨恨,因为别人欠他的这些感激的债并没有完全偿还;若是生活不如意,他更会觉得怨恨,因为他觉得生活欠他的太多。

3年前,王涛到一家建材公司工作。车间主任姓王,车间的盈余完全由支配,对几个他倚重的工人,每月他都发给丰厚的红包,而对大多数工人,他总能找出克扣工资和奖金的理由,尤其对王涛这种新来的员工,他更是百般刁难。

王涛想,那些工资是自己应得的报酬,他凭什么克扣?他想到了辞职,但又心有不甘,觉得仅仅辞职无法化解心中的怨恨。

有个星期天,王涛去看一个同学,寒暄中,得知同学居然也有着相似的遭遇。他王涛告诉自己说,等到这个月的工资一发下来,就卷铺盖南下;不过临走时,要狠狠报复一下车间主任。

那天中午一领到工资,王涛就匆匆赶回宿舍,收拾好行装,然后将事先准备好的木棒塞进袖筒。他打算上班前在车间门口"迎接"王主任,趁其不备一棒子将其打倒,然后远走高飞。

上班时间眼看就要到了,就在王涛即将起身去实施报复计划时,手机忽然响了。是王涛的父亲打来的电话,说母亲提前退休的手续终于批下来了。她之所以申请提前退休,并不是为了回家享清福,而是想开一家饭馆多挣些钱。父亲说:"孩子,父母处处为你着想,你自己更要争气呀!一个人在外工作,难免比在家吃更多苦、受更多气,这没什么,怕只怕你把握不住自己,一时冲动做出什么傻事、错事。我们不在你身边,你要学会约束自己,遇事三思,切不可莽撞行事让自己后悔,让父母为你担心痛心。"

报复的烈焰并没有让王涛的怒火熄灭,然而父亲的话使王涛的怨恨转了一个弯儿,他的思维跳出"传统"报复的羁绊,仿佛来到了一片开阔地。他想,之所以遭遇种种不公和刁难,是因为你在那个人眼里无足轻重,那么,有朝一日你变得重要起来甚至超过了他,你的境遇不就自然地改变了吗?到那时,他将如何面对你?毫无疑问,这对他将是一种更持久、更严厉的报复。最重要的是,这种报复将成为引导自己上进的动力。

那天对王涛来说是一个新的起点。开阔起来的视野使他一面将以前所未有的热情干好本职工作,一面利用闲余时间刻苦学习各种技能、了解市场、翻阅国内外有关建材方面的资料。不到两年,王涛不仅完全掌握了公司所有的生产流程,对很多不尽合理的地方提出了改进意见并被采纳,而且翻译了十几种国外很有发展前途的新型建材的资料,并将这些资料整理成册呈送给公司经理。

他的努力得到了丰厚的回报,经理对他刮目相看,破格提拔我为专管产品开发的副经理。

王主任再遇到王涛的时候,神情已和从前迥然两样,谄媚的笑容和低垂躲闪的目光显得十分滑稽。王涛原本打算向经理提议把他撤换掉,可转念一想,他的害怕和那一系列的举动说明他知错了,并且正在悔改,这对他其实已经是一种报复,还有什么必要再去报复他呢?

遇到不公,每个人都会产生怨恨。泄恨的方法多多,能够让怨恨转个弯儿,成为一种提升自己超越他人的动力,无疑是怨恨的最佳归宿。

爱心可以化解千千结

即使我们不能爱我们的对手，至少我们要爱我们自己。我们要使对手不能控制我们的快乐、我们的健康和我们的外表。

几年以前，68 岁的威廉·传坎伯在史泼坎城开了一家小餐馆，因为他的厨子一定要用茶碟喝咖啡，而把他活活气死。当时那位小餐馆的老板非常生气，抓起一把左轮枪去追那个厨子，结果因为心脏病发作而倒地死去——手里还紧紧地抓着那把枪。验尸官的报告宣称：他因为愤怒而引起心脏病发作。

"宽容别人"不仅是一种道德上的教训，而且是在宣扬一种医学知识：如果我们保持一种平和宽容的心态，也许可以让我们避免高血压、心脏病、胃溃疡等许多其他的疾病。

"要是自私的人想占你的便宜，就不要去理会他们，更不要想去报复。当你想跟他扯平的时候，你伤害自己的，比伤到那家伙的更多……"这段话听起来好像是什么理想主义者所说的，其实不然。这段话出自一份由米尔瓦基警察局发出的通告上。报复怎么会伤害你呢?伤害的地方可多了。根据《生活》杂志的报道，报复甚至会损害你的健康。"高血压患者主要的特征就是容易愤慨，"《生活》杂志说，"愤怒不止的话，长期性的高血压和心脏病就会随之而来"。

当我们恨我们的对手时，就等于给了他们制胜的力量。那力量能够妨碍我们的睡眠、我们的胃口、我们的血压、我们的健康和我们的快乐。要是我们的仇人知道他们如何令我们担心，令我们苦恼，令我们一心报复的话，他们一定会高兴得跳起舞来。我们心中的恨意完全不能伤害到他们，却使我们的生活变得像地狱一般。

怨恨的心理，甚至会毁了我们对食物的享受。圣人说："怀着爱心吃菜，也会比怀着怨恨吃牛肉好得多。"

要是我们的对手知道我们对他的怨恨使我们筋疲力尽，使我们疲倦而紧张不安，使我们的外表受到伤害，使我们得心脏病，甚至可能使我们短命的时候，他们不是会额手称庆吗？

这个道理连动物都晓得，卡耐基先生曾经历过一件这样的事：

多年前的一个晚上，卡耐基旅行经过黄石公园。一位森林管理人员骑在马上，跟这群兴奋的游客谈些关于熊的事情。他告诉卡耐基：一只大灰熊大概能够击倒西方所有的动物，除了水牛和另一种黑熊。但那天晚上，卡耐基却注意到一只小动物——只有一只，那只大灰熊不但让它从森林里出来，并且和它在灯光下一起共食。那是一只臭鼬！大灰熊知道，它的巨灵之掌，可以一掌把这只臭鼬打昏，可是它为什么不那样做呢？因为它从经验里学到，那样做很划不来。

卡耐基也知道这一点，当卡耐基还是个孩子的时候，曾经在密苏里的农庄上抓过四只脚的臭鼬；长大成人之后，卡耐基在纽约的街上也碰过几个像臭鼬一样的两只脚的人。卡耐基从这些不幸的经验里发现：无论招惹哪一种臭鼬，都是划不来的。

即使我们不能爱我们的对手，至少我们要爱我们自己。我们要使对手不能控制我们的快乐、我们的健康和我们的外表。就如莎士比亚所说的："不要因为你的对手而燃起一把怒火，热得烧伤你自己。"

一位前纽约州州长信奉这样一句话："不能生气的人是笨蛋，而不去生气的人才是聪明人。"

该州州长曾在被一份内幕小报攻击得体无完肤之后,又被疯子打了一枪几乎送命。他躺在医院为他的生命挣扎的时候,他说:"每天晚上我都原谅所有的事情和每一个人。"这样做是不是太理想了呢?是不是太轻松、太好了呢?如果是的话,就让我们来看看那位伟大的德国哲学家,也就是《悲观论》的作者叔本华的理论。他认为生命就是一种毫无价值而又痛苦的冒险,当他走过的时候好像全身都散发着痛苦。可是在绝望的深处,叔本华叫道:"如果可能的话,不应该对任何人有怨恨的心理。"

有一个能原谅和忘记误解自己的人的有效方法,就是让自己去做一些绝对超出我们能力以外的大事,这样我们所碰到的侮辱和敌意就无关重要了。因为这样我们就不会去计较理想之外的事了。依匹克特修斯就曾经指出,我们种因就会得果。而不管怎么样,命运总能让我们为过错付出代价。归根结底, 依匹克特修斯说:"每一个人都会为他自己的错误付出代价。能够记住这点的人就不会跟任何人生气,不会跟任何人争吵,不会辱骂别人、责怪别人、触犯别人、恨别人。"

瑞典的乔治·罗纳先生一直在维也纳做律师的工作,一直到"二战"结束后才回到瑞典。他当时身无分文,急需找到一份工作,他能说好几种语言,所以想找个文书工作。大部分公司都说由于战争的缘故,他们目前不需要这种服务。其中一个公司却这样回信给罗纳:"你这个人真是愚不可及,我们根本不需要文书。即使我们真的需要,也不会雇用你,因为你连瑞典文字都写不好,你的信上满是错误。"

你能想象收到这样一封满是侮辱言辞的信的感觉吗?罗纳气得暴跳如雷,他们竟敢说我这个瑞典人不会说瑞典话!罗纳气愤之下,写了一封足以让对方喷血的信准备寄给对方。可他却停了下来,他对自己说:"稍等一下,我怎么知道他不对呢?我学过瑞典文,但不一定精通它。也许我的错我自己都不知道呢!真是这样的话,我应该再加强学习才对呀!这个人还真提醒了我,虽然他可能并不想这么做,但也不能抵消我欠他的人情呀!我应该写封信感谢他。"

于是,罗纳把他写好的信撕掉了,另外写了一封:"你们根本不需要文书,还不厌其烦给我回信,我深感荣幸,我对贵公司判断有误,实在抱歉之至。我不知道我的信犯了文法上的错误,我很抱歉并很惭愧。别人告诉我你是这一行的领袖,谢谢你帮助我成长,我会努力学好瑞典文,减少错误。"几天后,罗纳收到了回信,想不到吧?这是一封邀请罗纳去工作的信函。

在加拿大杰斯帕国家公园里,有一座可算是西方最美丽的山,这座山以伊笛丝·卡薇尔的名字为名,纪念那个在 1915 年 10 月 12 日像军人一样慷慨赴死——被德军行刑队枪毙的护士。

她犯了什么罪呢?因为她在比利时的家里收容和看护了很多受伤的法军、英国士兵,还协助他们逃到荷兰。在 10 月的那天早晨,一位英国教士走进军人监狱——她的牢房里,为她做临终祈祷,伊笛丝·卡薇尔说了两句后来被刻在纪念碑上的不朽话语:"我知道光是爱国还不够,我一定不能对任何人有敌意和怨恨。"4 年之后,她的遗体转移到英国,在西敏寺大教堂举行安葬大典。

林肯先生可以说是我们这方面的榜样,在美国历史上,恐怕再没有谁受到的责难、怨恨和陷害比林肯多的了。但是林肯却"从来不以他自己的好恶来批判别人。如果有什么任务待做,他也会想到他的敌人可以做得像别人一样好。如果一个以前曾经羞辱过他的人,或者是对他个人有不敬的人,却是某个位置的最佳人选,林肯还是会让他去担任那个职务,就像他会派他的朋友去做这件事一样……而且,他也从来没有因为某人是他的对手,或者因为他不喜欢某个人,而解除那个人的职务"。很多被林肯委任而居于高位的人,以前都曾批评过或是羞辱过他。

换位思考是一种理解与宽容

生活中有时会发生这种情形：对方或许完全错了，但他仍然不以为然。这时，不要指责他人，而是应该了解他。

永远按照对方的观点去想，由他人的立场去看事，一如由你自己的观点、立场一样，这或许不难成为影响你终身事业的一个关键因素。

有些时候，我们很难用一个简单的对与错来衡量某一件事情，如果我们考虑问题的角度不一样，其结果当然不一样。

生活中有时会发生这种情形：对方或许完全错了，但他仍然不以为然。在这种情况下，不要指责他人，因为这是愚人的做法。你应该了解他，而只有聪明、宽容、特殊的人才会这样去做。

对方为何会这样，其中一定自有他的道理。探寻出其中隐藏的原因来，你便了解了他，了解了他的个性，这才是解答他的钥匙。

因此，当我们面对某一问题时，如果仅仅从自己的角度去考虑，而不顾他人，往往就会失之偏颇，甚至做错事情，伤害别人。凡事设身处地地换一个角度想想，原本疑惑不解的问题可能就变得豁然开朗了。当一个人面对严重的难题时，如果他能够从别人的角度来看待事情，那么就可以缓解压力，解决问题。

伊丽莎白·洛亚科是澳大利亚人，她用分期付款的方式买了一部车子。由于种种原因，她已有6周没有按合同交款了。一个星期五的上午，负责洛亚科买车付款账户的一名男子在电话中愤怒地告诉她，如果下周一上午不把钱交上的话，他们将采取进一步的行动。刚好是周末，洛亚科没有筹到钱。于是这名男子星期一又给洛亚科打电话时说了更多难听的话。当时洛亚科没有发火，而是从他的角度出发来考虑这件事情。洛亚科先真诚地道歉，说真是给他带来了很大的麻烦，而且因为自己已6周未付款，一定是他客户中最让他头疼的。这名男子听了洛亚科这一番话后，改变了态度，说洛亚科并不是最让他烦心，并且还举了几个例子来说明。他说有的客户经常撒谎，有心躲着不见，还有的非常不讲理。洛亚科没有说话，只是静静地听，让他把心中的不快都说出来。最后，还没等洛亚科提什么要求，这名男子就主动说如果洛亚科不能马上交还拖欠的钱，也可以。只要洛亚科在本月底先付给他20美元，然后在她方便的时候再把其余的钱交给他就可以了。

古拉特·利伊普在《进入别人的内心世界》一书中，曾有这么一段意味深长的话："把别人的感觉和观念与自己的感觉和观念置于相同的位置，并把它表现出来，这样谈话的气氛就会融洽起来。当你在听别人谈话时，要根据对方的意思来准备自己将要说的话，那样，由于你已理解和认同了他的观点，他也就会理解和认同你的观点。"

而《怎样把人们变成黄金》一书的作者肯尼迪·贝迪则说得更加明白直了：停下来，用数秒的时间比较一下，你是如何关心自己的事情和关心他人事情的，如此你就会理解别人也和你一样。而一旦你掌握了这个诀窍，你就会像罗斯福和林肯一样，拥有了做任何事的坚实基础。总之，和别人相处的关系怎样，完全取决于你在多大程度上替别人着想了。

看看罗克遇到的事情，就明白这两段话会给你带来怎么样的好处啦！

多年来，罗克常到离家不远的公园中散步和骑马，以此作为消遣。罗克非常喜欢橡树，所以每当看到公园里一些树被烧掉时，他就十分痛心。这些火差不多都是由到公园中野炊的孩子们造成的。有时火势很凶，必须叫来消防队才能扑灭。

公园边上有一块布告牌，上面写着"凡引火者应该罚款及拘禁"。但这布告竖在偏僻的地方，很少有儿童看见它。有一位骑马的警察在照看这一公园，但他对自己的职务不大认真，火仍然是经常蔓延。

有一次，罗克又看到公园失火，就急忙跑去告诉那位警察快叫消防队，可没想到他却说那不是他的事。罗克非常失望，于是以后罗克再到公园里散步的时候，就担负起了保护公园的义务。

当他看见树下起火时心情就非常不快，急忙上前警告那些野炊的孩子们，用威严的辞令命令他们把火扑灭。如果他们不听，就会恐吓要把他们交给警察。就这样，罗克只是按照自己的想法去做，只是在发泄自己的情感，全然没有考虑孩子们的感觉。

结果呢，那些儿童怀着一种反感的情绪暂时遵从了，转过身去的时候，他们又生起了火堆，并恨不得把整个公园烧尽。

随着时间的推移，罗克逐渐懂得了人与人相处的道理。知道了怎样使用技巧，并更懂得从别人的角度来看待问题。于是他不再发布命令，甚至恐吓。而是说："孩子们，玩得高兴吗？你们在做什么晚餐？我小时候，也很喜欢生火，直到现在我仍然很喜欢，但你们知道在公园里生火是很危险的吗？我知道你们几个会很小心，但别的孩子就不一样了。他们来了也会学着你们生火，回家的时候却又不把火扑灭，这样就会烧掉公园里的所有树木。如果我们再不谨慎的话，我们就不会再看到这里的树木了。而且在这里生火，还有可能被警察抓起来。我不干涉你们的兴致，我很愿意看到你们开开心心的，但我想请你们在离开时，把火用土埋起来，并把火堆旁边的干枯树叶拨开，好吗？你们下次来公园玩时，可不可以到山丘的那一边，就在那沙坑里取火，那样就不会有任何危险了。多谢了，孩子们，祝你们玩得快乐。"

这种说法产生的效果有很大区别！它使孩子们产生了一种同你合作的

欲望，没有怨恨，没有反感。他们没有被强制服从命令。他们保全了面子，他们觉得好。"我也感觉很好，因为我处理这件事情时，考虑了他们的观点。"罗克说。

如果想让别人都敬重你，你就应该记住要真诚地尽力从对方的角度看事情。这样，你便会获得和道格拉斯先生一样的幸福了！

纽约州汉普斯特市的山姆·道格拉斯，过去经常抱怨太太把过多的时间都用在修理草坪上了：他太太一周至少去草坪上拔草、施肥和剪草两次。而道格拉斯却认为草坪和4年前刚搬来时一样，并未变好。当他把这话说给太太听时，自然就破坏了他们的夫妻感情。后来，他试着从太太的角度考虑：她确实喜欢草坪，是因为她从中找到了乐趣。于是道格拉斯决心改变自己。

一天晚饭后，太太又去修理草坪，道格拉斯也跟了出去，帮助太太一起拔草、施肥，他们边干活，边愉快地谈话，他的太太非常高兴。

从此他经常帮助太太修理草坪，并称赞她干得好，草坪比以前好看多了，于是，夫妻间的感情日益加深。

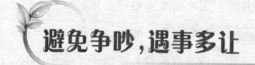

避免争吵，遇事多让

天底下只有一种能在争论中获胜的方式，那就是避免争论。避免争论，要像你避免响尾蛇和地震那样。

有些人总是喜欢与人舌战不休，与人拍桌打椅，争得面红耳赤，嗓音嘶哑,而最后的结果只有一个:徒劳无益。因为即使他争赢了,这样表面的胜利也实无大益;而且会损伤对方的自尊,影响对方的情绪。若是争输了,当然自己也不会觉得光彩。所以,最好的策略就是不要过于与人争论。

一个人从来不能在辩论中得胜,从来不能。

因为如果你辩论失败,那你当然失败了;如果你得胜了,你还是失败的。为什么?假定你胜过对方,将他的理由击得漏洞百出,并证明他是神经错乱,那又怎样?你觉得很好,但他怎样?你使他觉得脆弱无援,你伤了他的自尊,他要反对你的胜利。如果你老是抬杠、反驳,也许偶尔能获胜,但那只是空洞的胜利,因为你永远得不到对方的好感。

十之八九,争论的结果会使双方比以前更相信自己绝对正确,你赢不了争论。

比较一下欧哈尔和巴森斯先生的不同遭遇吧!

欧哈尔从来没有销售出去一台载重卡车,尽管他从事这个工作已有一年多了。原因就在于他太喜欢同别人争执了!他始终同他正要做交易的人争执并触犯他们。如果一位未来的买主对他出售的汽车说出任何贬抑的话,他就会恼怒地截住那人的话头。当然,他确实胜过不少辩论。后来他说,"我常走出一个人的办公室说:'我又教给那家伙一些东西了。'我真的告诉了他一些事,但我并没有因此而卖给他一点儿东西。"

而巴森斯先生做得要聪明多了。他是一位税收顾问。有一次,为了一笔关键性的9000元钱跟一位政府的税务员争论了一个小时。巴森斯解释这9000元钱事实上是应收账款中的死账,不可能收回来,所以不该收所得税。

"死账,胡说!"稽查员反对说,"那也必须纳税。"

"这位稽查员冷淡、傲慢、固执,"巴森斯先生在班里讲述事情的经过时说,"理由对他是毫无用处的,事实也没有用——我们辩论得越久,他越固执。"

巴森斯决定不同他争论，而是从赞赏他开始解决问题，说些令他愉快的话。

他真诚地对这位稽查员说："比起其他要你处理的重要而困难的事情，我想这实在是不足挂齿的小事。我也研究过税务问题，但那是书上的死知识，你的知识全是来自实务工作的经验。有时我真想有份像你这样的工作，那样我就会学到很多。"

结果，那稽查员在椅上挺起身来，向后一倚，讲了许多关于他工作的话，他告诉巴森斯自己曾发现过许多税务上的鬼花样。他的口气慢慢友善起来，接着又谈起他的孩子，临告别的时候他说要再研究研究巴森斯的问题，过几天会通知巴森斯结果的。3 天后，他打电话到巴森斯办公室，通知巴森斯那笔税决定不征了。

现在我们应该明白同别人争论的危害了吧！争强好辩不可能消除误会，而只能靠技巧、协调、宽容，以及用同情的眼光去看别人的观点。

天底下只有一种能在争论中获胜的方式，那就是避免争论。避免争论，要像你避免响尾蛇和地震那样。

所以，卡耐基先生再三告诉那些爱同他人争论的朋友：我们绝不可能对任何人，无论其智力高低，用口头的争斗改变他的思想。

而伟大的林肯也这样对一位因琐事而与同事发生激烈争吵的青年军官说："任何决心有所成就的人，绝不会在私人争执上耗时间，争执的后果，不是他所能承担得起的，而后果包括发脾气、失去自制。要在跟别人拥有相等权利的事物上，多让步一点儿；而那些显然是你对的事情，就让得少一点儿。与其跟狗争道，被它咬一口，不如让它先走。因为，就算宰了它，也治不好你的咬伤。"

第 8 个礼物

灵 动

女人幸福的处世优势

　　把家庭和感情生活当成全部的女人是不完美的，女人只有拥有正常的社交生活，才可以凸显更加完整的自己，才可以时常给身边的人一种新鲜感。同时，结交一些够分量的朋友，对女性自身的发展也是一种绝佳的助力。

善于协调，办起事来才能左右逢源

协调着眼于自我调整，主观适应客观，个人适应集体，不断地使自己与周边的环境保持一种动态平衡。

现实社会无时不刻不充满着权力的较量、利益的纷争、性格差异的摩擦，即使你一点儿不去争，也有人主动与你争。甚至还有那么一种得寸进尺，想骑在别人脖子上的人，你退一尺，他就进一丈。在这样的环境中，一个人若想成就一番事业，花费的代价无疑是巨大的。良好的人际关系、融洽的环境氛围有助于一个人脱颖而出，发挥自己的聪明才智，实现自己的人生价值。对此，不同的人采取了不同的方法和策略：一种是讨好，一种是协调。

协调着眼于自我调整，主观适应客观，个人适应集体，不断地使自己与周边的环境保持一种动态平衡。而讨好不是强调主观调整自我来适应客观，而是迁就和迎合他人的需要，来换取别人对自己的宽容或姑息。

讨好者的目的与动机并不是对称的，她不是为了调节个人与群体的关系，而是为了谋求狭隘的个人利益和需求，去讨好那些与自身利益有关的人特别是那些有权有势的人。人都有一个弱点，喜欢听恭维话。对人说一些赞誉之词，如果能恰如其分而不流于献媚，将是一种得人欢心的处世方法，听者自然十分高兴，这不能说是坏事。如果不问对象，夸大其词，竭尽阿谀奉承之能事，不仅效果不佳，有时还会被别人称为马屁精，落个坏名声，而且，花费的代价大，成本高。因为一个人不能做到同时去讨好所有的人，为了不得罪人,她必须不断地讨好别人,这不仅加大了成本,而且活得很累,更主要的是毁了自己的前程。

习惯于讨好的人,不讲究做人的原则,当面一套,背后一套,在人前讲人话,在人后讲胡话,为个人私利所左右,为讨好他人而失去自己的竞争力。大凡有正义感的人,对两面三刀的家伙都是非常反感的。

我们说要善于协调,并不是要处世圆滑,不得罪任何一方;也不是要当面一套、背后一套,当着张三说李四,碰到李四又说张三。其实,这种人是可鄙的。但一个人如果能在坚持大原则的情况下适当对一些无关大局的事做一点让步也是可以的,如果你能做到大家都喜欢你,那么在你的世界就是以你为中心的,你并没有失去什么,却会有意想不到的收获。而且,你生活的环境气氛融洽,自己心中也快乐得多。

善于协调的人,人际关系一般都十分融洽。在生活中也常常看到这样一种人,她既不拉帮结派,又不独来独往,她介于二者之间,既与这派有联系,又与另一派有瓜葛,你很难将她划为哪一派,而且,很奇怪的是,这种人往往能同时为两派接受。所以,这种人办起事来才能左右逢源,得心应手,效率很高。因此,要谋求生存和成功,营造良好的人际氛围,讨好不是良策,协调才是好办法。

学会推销自己,更容易快速成功

一个女人一旦有了名气和美誉之后,不但自己的自信心十足,也比较容易获得他人的依赖与支持,迈向成功之路,将会如虎添翼。

古人所言"沉默是金"的年代，早已一去不复返，现代人如果不懂适时地包装自己，把握机会推销自己，就很难有受人瞩目、出人头地的机会。

今天的许多女影星们就很善于推销自己，许多当红的歌星、球星频频在电视屏幕上为一些知名品牌的企业、商品做广告，既为企业争取到"名人效益"，也大力推销了自己，还会有一份不菲的广告收入，真可谓推销和展示自己形象的成功之道。

今天，懂得推销自己的人才容易快速成功。

美国有一个名叫凯特的女孩，创办了一份很成功的杂志。凯特13岁的时候，只不过是一家电报公司的送电报小童。有一次她心血来潮，写了一封信给一位名人，告诉他自己是个年仅10来岁的女孩，曾经在书摊的名人传记上看过他的一些小故事，十分仰慕，所以写这封信给他，希望对方能够说说这些小传所写的小故事是否真实。

没想到那位名人不仅回了信，还非常仔细地为她更正小传上所说的一些错误。凯特收到回信高兴极了，于是又寄了一封信，问这位名人是否还有其他相关的小故事可以告诉她。

名人对这个孩子的淳朴、好学的精神非常赞赏，于是两人书信往返了一段时间，名人甚至还邀请她到家中做客。

凯特有了这次经验之后，就开始和更多的名人通信。她很谦虚地问那些名人为什么要做这件事或那件事，或是要求更多的补充资料。为了答谢这些名人，她还一一拜访他们，并且合照留念。

她很聪明地将这些信件和照片收藏起来，成年之后她创办了一份杂志。她陆续将这些名人的小故事，以及自己和名人交往的心得，全都刊登在杂志上。这本杂志的销售当然很好。

纯真的友谊是女人一生中
最美好的东西

一个人可以没有金钱，没有事业，没有家庭，但是人活在世上万万不可以没有朋友！女人拥有的朋友更是她们的宝藏。

许多时候，朋友之间的关心、帮助、体贴胜过兄妹，胜过夫妻。而且，深厚的友情往往比爱情更隽永、更真挚、更持久。但现实生活中，有相当一部分人，尤其是一些笨女人，她们一旦有了爱情，囿于爱情与家庭，并全心全意地投入，与过去的朋友就明显地疏远，对深深浅浅的友情也不那么爱惜了。她们借口是："哎呀，太忙了。"忙确实是真忙。她们情不自禁地沉湎于小家庭的欢乐，她们津津乐道地忙着一份幸福的小日子，至于朋友、友情，有点顾不得了，似乎有无都无关紧要了。

其实，交友不仅是一种感情的交往、交流，还是生活的重要扩充。每个人都有一定的局限性，生活的环境、生活的内容、生活的经历都被内外的因素规划了，圈定了，由此，自己的视野、见地、经验、心胸，便容易为这种"规划"与"圈地"所限制，只能狭小、只能浅薄、只能片面。比较而言，男人比女人博大些，他们有更广泛的兴趣，更注重对外部世界的关注，更多一点儿探索与冒险精神；而女性朋友如果有了爱情与家庭之后，连交往朋友的热情都减退得一干二净，那么，她们的生活圈子、胸怀只能一天天地更窄更小，而许多悲剧的产生就是因为"更窄、更小"的缘故。但是，在悲剧未发生之前，她们不以为然，而悲剧发生了，她们也认识不到，这正是"更窄、更小"的潜移默化的意识在作怪。当然，不排斥要对爱情专注、对家庭负责。可是，专注不等于放弃其他的一切感情；负责不意味着要疏忽其他的一切关系。她们自以为一味地专注了、负责了，就能看牢幸福、维护家庭、守住生活。生活却偏偏不是看得牢、守得住的。生活需要变化，需要丰富，需要更新。一成不变的"守"，故步自封的"看"，只能使生活一天天地平淡、贫乏、平庸。结果，虽然存在着家庭的形式，而家庭的内容与生命必将趋于萎缩。

而对中年女性来说，这时女人的友谊可能比爱情更为重要。因为此时女人已基本上完成了相夫教子的职责，突然无事可做，年轻的时候基本上是为自己的男人和其他男人的目光而活的，现在这一切基本不存在了，女人只有把自己放到同性朋友的圈子中进行比较，看谁更年轻、更有吸引力，看谁更有钱、有事业，不管自我感觉如何，都会有所醒悟。感觉不好的，知道该为自己活了；感觉好的，知道为了自己应该继续好好活。中年女人在同性朋友面前才会找回自我。所以，女人的真心朋友，其实就是自己面前的一面镜子。

友谊和爱情对女人来说，无论在什么时候都会有一定的好处，同等重要。所以，女人结了婚，千万不要排斥掉自己结婚前的一切，更不要丢掉自己结婚前的那些朋友。保持自己的情趣、保持自己的爱好，保持自己的社交活动，保持自己除爱情以外的一切感情联系，是丰富自己、更新自己、完善自己的很好的方法。只有这样不断地丰富、更新、变化与完善，家庭生活才更有色彩，爱情和幸福才能保持得长久。

纯真的友谊是女人一生中最美好的东西，它摒弃了人世间的卑鄙与狡诈等丑恶的现象，而代之以思想情感的默契和支持，形成了为共同事业奋斗的力量。所以，女人在一生中必须交到属于自己的真心朋友。

与人交往之前，先擦掉写在脸上的"功利"

将"功利"写在脸上的人就像一朵变异的玫瑰，只见茎中的刺，却不见美丽的花朵，这样的一朵花必然会让人躲得远远的。

尽管为了生存，我们不能放弃功利，但太过功利的人终究是不受欢迎的。对功利的追求会使他们的思想变得扭曲，在做任何事的时候，如果只看到功利的影子，便会不择手段。所以，对于想要拓展人脉的人来说，明显的功利心往往会适得其反。我们不否认人脉是有功利价值的，但那些真正拥有四通八达的广泛人脉的人都拒绝将人脉作为一个功利性的词汇来理解。人脉不是利用别人的感情或者设置其他圈套的捷径，它是建立在基本的感情基础上的。所以，想要有广泛的人脉，就要有朋友。让周围的人觉得你是个值得交往的人，日子久了，你的身边自然而然就会聚集属于自己的人脉圈。

有些人急于扩展自己的人脉关系，尽可能地采用各种手段认识有用的人。不管对方愿不愿意与自己交往，不讲究交往中由远及近的过程，而一味地追逐对方，只为与对方相识，同时还想要在短期内与对方成为朋友。持这类急功近利的心理，真的能交到朋友吗？

有一位做保险的小姐告诉我，她曾通过各种方式得到了一份全市知名企业老总的名单，为了扩展自己的人脉关系，为了使自己的人脉圈变得更有质量，她硬着头皮给那些老总们打电话，甚至想要约他们出来见面喝咖啡。按照她的说法,只要能获得见面的机会,就能获得一半成功的机会。而结果怎么样呢?当然没有达到她预期的目的。

并不是那些老总的眼界有多么高,而是他们遇到的此类人太多了。每个人都采取同样的方式,说着同样的话,想要达到同样的目的。试想,如果你天天都遇到这样的人,你会做何感想?当然只有极度反感吧。因为他们不仅会浪费你宝贵的工作时间,还将人与人之间的交往表现得很廉价。如此露骨的功利,你受得了吗?

还有的人本着"宁可错杀一千,也不放过一个"的原则,无论聚会大小,不管派对的公私,只要有类似的活动便毫不犹豫地加入。不管三七二十一,先认识了再说。回家后再把各人的情况略加整理,找出那些对自己的事业和未来有帮助的人,其他的人便可以淘汰了。可这样的人脉拓展方法真的很有效吗?恐怕不会吧。不要低估别人的眼光,既然你已经将"功利"摆到了台面上,别人难道会视而不见吗?而别人如果完全清楚你的目的,那么你们之间的交往就已经蒙上一层阴影,无论如何也不可能走到朋友的关系。离开了朋友间的感情基础,这样的人脉会牢固吗?

我曾在论坛里看到过这样一个帖子,某位小姐发出不解的疑问:"有多少人脉是靠得住的?"据她所说:"穷朋友用不上,尽管他们真的很想帮助我,但是多数情况下是无能为力的。富朋友不好用,尽管他们有足够的能力,却没有帮我的心。还有那些头脑不够灵活的人,办事让人觉得不够放心。而那些太过精明的人,又怕他们要心机。我到底该怎么办?"

瞧,她将这些所谓的朋友分得多么清楚,穷的、富的、笨的、聪明的,一应俱全。真不知道如果她的朋友们得知她是如此对待朋友的,他们会怎么想?而假如你事先得知身边有这样一个女人,还会选择成为她的朋友吗?她在埋怨这些朋友如何如何没有用的时候,是否想过"朋友"对于她的意义究竟是什么呢?

当你想要别人对自己有用的时候,在交往过程中就必然会面露功利之色,而这正是人际交往过程中的大忌。没有人会帮助那些将"功利"写在脸上的人,尽管他们明白其他人或许也是抱着相同的态度。不要看不起穷人,你不能断定一个人的未来会怎样。不要将希望寄托在富人身上,因为你的功利会被他们一笑置之。不要埋怨那些头脑不够灵活的人,有些按部就班的人才能办好的事会比较适合他们。不要担心那些太过精明的人,除非你自己不够聪明,不然就不会输给别人。

将"功利"写在脸上的人就像一朵变异的玫瑰,只见茎中的刺,却不见美丽的花朵,这样的一朵花必然会让人躲得远远的。如果你带给周围人的信息是"不可靠"的,那么没有人会愿意成为你的朋友,更没有人愿意做你"有用的朋友",即便他对你真的有用。因为,没有人会一直"有用",也没有人会一直都"没有用",将这一点作为判断朋友的标准,是头脑简单的人才会做的事。想要建立自己的人脉关系,就先擦掉脸上的"功利"吧。

女人守住秘密,就守住了成功的资本

对于喜欢说话的女人来说,可靠的朋友就像手指上的钻石戒指一样珍贵。守得住秘密的女人必然是品格高尚的女人,与这类女人交往实在是有百利而无一害。

假如有人问起,什么样的女人坚决不能做朋友?答案中一定会有"大嘴巴"或者"长舌妇"之类的词儿。喜欢啰唆、喜欢讨论家长里短的习惯使得某些女人的嘴巴成了令人恐惧的存在。此类女人维系自己的人脉可能都会比较困难，哪里还能将人脉当做资本？所以，做女人就要做嘴巴严密的女人。

在人际交往中，许多人都会或多或少地将自己的隐私透露给身边的同事和朋友。某项调查显示，有54.35%的女人会向关系很好的同事透露个人隐私。而且，个人生活中的隐私与工作之间存在一种微妙的关系。如果你坚持对自己的任何隐私都守口如瓶，势必会给人一种难以亲近的感觉，从而影响在朋友圈中的人际关系。所以，在人际交往中，隐私的透露在所难免。而这也恰恰是考验一个人的机会，想知道朋友可不可靠，隐私也是一块不错的试金石。同理，想要得到别人的信任，让别人相信你是可靠的，就要坚决守住别人的隐私，别做那种泄露别人隐私的缺德事。

两年前的苏苏是某家公司的办公室文员，工作成绩平平，能力也并不突出，但同事们都特别喜欢与她交朋友，还愿意将自己的朋友介绍给她。起初，她的老板以为她人缘好是因为工作能力不出众，对其他人来说没有威胁，但后来渐渐发现，这其中还另有原因：她的嘴特别严，不该说的话从不说，无论怎么央求和诱惑，她都不会将别人的私事说出来。

开始发现她这个习惯的是同办公室的小兰。某次，小兰不经意间向她透露了一些家庭方面的隐私。后来她一直担心这些内容被传出去，但既然是已经说出去的话，总无法收回。于是，她只好一边埋怨自己嘴快，一边提心吊胆地过日子。几天后，小兰发现别的部门的一个曾与自己闹过矛盾的女人正在和苏苏聊天，一副神秘兮兮的样子。她心想，这下可糟了，苏苏该不会把那些话说给她听吧，她可是个长舌妇啊。结果，过了半个月，小兰发现自己的隐私并没有在公司里传开，又经过多方探听，才知道苏苏拒绝了那个女人的要求，没有透露她们谈话的内容。

从那之后，小兰将苏苏当成了很要好的朋友，还把苏苏的这一优点传给了很多同事。久而久之，苏苏就成了朋友圈里的抢手人物。朋友们一有知心话都愿意和她说,而她遇到问题,朋友们也会主动帮她解决。这样,苏苏在工作中的成绩也越来越好。而今,老板看中了苏苏的品质,将她提升到了经理助理的位子。既有事业又有朋友的生活,对于苏苏来说无比惬意。

每个人都需要倾诉,有些隐私埋在心底会生出草来。尽管网络中不乏"晒隐私"的平台,但将这些事情敲进虚无的网络中,隐姓埋名地供人鉴赏,还不如对着大海、高山或空气自言自语一番。所以,既然要倾诉,面对面地与人交流才是首选。但即便是没有利益关系的朋友,对她说出隐私也是要承担一定风险的。因为她很可能在第二天就将其当做无关紧要的事情讲给其他朋友听,而其他朋友又会讲给自己的朋友。这样一来,你的故事很可能就会衍生出众多版本,在世人口中流传。也许还会有好事的人写进网络,赚得可观的点击率。

由此看来,身边有一个嘴巴严实的朋友实在是一件不容易的事。尤其是对于喜欢说话的女人们来说,可靠的朋友就像手指上的钻石戒指一样珍贵。守得住秘密的女人必然是品格高尚的女人,与这类女人交往实在是有百利而无一害。在这种时候,道德远比个人能力重要得多。

想要将人脉变成资本的女人不妨牢记这一点:守住秘密,就守住了成功的资本。

用称赞换回对方的好心情

称赞实在是人际交往中的重要手段。不管你的性格是内向还是开朗,都要学会在适当的时候称赞别人。不过,千万不要将称赞变成恭维,甚至是谄媚,不然就显得俗不可耐了。

赞美之词人人都会讲,而且还能滔滔不绝地讲出一大堆。可问题在于,你是否讲得恰到好处,会不会让人感觉如坐针毡、如芒刺背?有时候,你真的特别想要感谢别人的帮助,或者想要称赞一下别人刚买的服饰,又生怕自己讲的话不够到位,于是一句接一句地客套、称赞,让人听了只得满脸堆起虚假的笑容,随时准备逃走。而有时候,你或许又不屑称赞别人的成果,因为你觉得它与你无关。如此说来,这种称赞就有了"势利"的影子,势必讨不到任何好处。

称赞是一种沟通技巧,称赞一件事、一个人或者一个集体都是轻而易举的事情,但难就难在适当地表达出你的诚意,并且让称赞起到效果,这就不那么容易了。如果语言不到位或者太过,就成了虚假的恭维,让人听了极其反感,甚至产生厌恶的情绪。所以,称赞又是一种艺术,要让人听出你的真情实意,而不是"出口乱赞"。

如果你还保持着喜欢恭维别人的习惯,如果你还没有学会称赞的技巧,就来看看生活中的称赞技巧吧。

要想称赞得恰到好处,先要学会看人。人有年纪长幼之分,有素质高低之分,有能力强弱之分,只有符合对方个性与优点的称赞,才能算得上是正确的。比如,年长的人喜欢回顾过去的辉煌,那么你可以多对他的过去表示赞赏;漂亮的女人喜欢谈起自己的外表,你可以多多称赞她的美貌;不够漂亮但能力较强的女人,你要称赞她突出的工作成绩。总之,因人而异是最基本的称赞法则。当然,所有的称赞都要有迹可循,不能虚夸。

要想用称赞换回对方的好心情,就要使你的称赞听上去无比真诚。只有基于事实、发自内心的称赞才能引起对方的好感。反之,对方便会觉得你太过虚伪,只为了说而说,一点儿诚意也没有。比如,某个女人明明没有那么漂亮,却被你说成倾国倾城,下次见到你她一定会躲着走,尤其是有朋友在身边的时候。而你如果可以从她的装扮、气质、举止中发现一些出众之处并加以赞美，她就会很高兴地接受。因为这些是符合她实际情况的优点，即使这些话被旁人听到，她也不会觉得难堪。

要想用称赞换回一段值得维系的友情，不妨选择那些有自卑感或者身处逆境的朋友。对于难得被人称赞的人来说，一句发自内心的称赞很可能会改变他们对人生的态度，从而改变整个人生的轨迹。如果未来他们获得了成功，那么你就是他们生命中当之无愧的救星。只用几句话便交到一个可靠的朋友，不是很划算的吗？

称赞的成本真的很低，只不过是几句尽人皆知的话。而它所带来的回报却很高，可以让被称赞的人对你产生好感。所以，称赞实在是人际交往中的重要手段。不管你的性格是内向还是开朗，都要学会在适当的时候称赞别人。不过，千万不要将称赞变成恭维，甚至是谄媚，不然就显得俗不可耐了。然而，你还要明白的是，并不是每个人都愿意接受别人的称赞。如果直接的称赞不能奏效，那么你可以采取间接的方法，引用反对你的人的言辞并加以称赞，指出它的合理性和可行性，这样反而容易得到周围人的认可。少一些对立面，多一些朋友，你的人脉关系会越来越好。

可见，高品质的称赞是建立人脉资本不可或缺的本事，那么，到底怎样才算是上等的称赞呢？不着痕迹，不动声色，使人浑然不觉；气味芬芳宜人，远离谄媚；言辞富有新意，而并非是陈词滥调的罗列；时间恰当，分量适中，正中对方下怀。以上就是称赞的表现，如果你还没能运用自如，就从现在开始训练自己吧。

等到你习惯称赞别人，就会发现称赞不仅能为你带来收获，还会增添你的个人魅力与生活乐趣。愉悦他人的同时也愉悦了自己，这是多么惬意的享受啊！

拥有自己的优势就等于拥有利用别人优势的基础

拥有自己的优势就等于拥有利用别人优势的基础，但这只是成功了一半而已。如果你不让别人运用自己的优势，那么别人还是不会心甘情愿地被你利用。

许多人想要拥有广阔的人脉网，无非是为了利用别人的优势，这一点没有什么值得避讳。但在想要利用别人的优势之前，你是否想过自己能够为别人做些什么？也许你会说，学会利用别人的人才能成功，为什么要让别人来利用自己呢？可是，你想过别人为什么要被你利用吗？不要自以为很聪明，就可以从别人那里得到任何东西，而自己却不用付出丝毫。你周围的人远比你想象的要聪明得多，他们不会任凭自己被你利用，就像你不会任凭被别人利用一样。凡事换个角度思考，就不难发现其中的道理了。

在网络里不难找到为了扩展人脉而发布的帖子，楼主会先介绍一下自己的背景和能力，然后告诉人们他已有的人脉关系。背景和能力出众，且人脉关系丰富的人更容易得到别人的响应和支持，原因就是他已经向别人证明了自己能够为他们带来什么，他具备吸引别人的实力。之后，他会从那些支持与响应的人中挑选与自己具备同样实力，且适合与自己做朋友的人并与他们联络。也许这样的做法有点儿像交易，可自古我们的祖先便讲究"礼尚往来"，有进有出、互相帮助才是王道。

世间有许多事物都处在某种规律和平衡中，这种平衡能够稳定持续下去，双方的关系才能健康发展。人与人之间的相处便是诸多平衡中的一种。也就是说，交往双方的实力要均衡，而且都愿意做出帮助对方的举动，那么这两人才更容易保持朋友关系。如果其中的一方实力不够，或者因身份、意愿等缘故不愿帮助对方，那么即使性格相合，也很难成为朋友。这也是为何每个人都会拥有与自己的能力相符的人脉关系，而如果某个人想要与更高级别的人建立人脉关系，便会难上加难的原因。

拥有自己的优势就等于拥有利用别人优势的基础，但这只是成功了一半而已。如果你不让别人运用自己的优势，那么别人还是不会心甘情愿地被你利用。

我遇到过一位美女，从来都只顾利用别人的优势，等到别人来请她帮忙时，她便寻找种种借口推脱。在她看来，自己不仅拥有美丽的容貌，而且工作、家庭背景等各方面的实力都不错，所以特别容易交到朋友。因为之前没有深入了解人脉关系的意义，她只是盲目地认为人脉关系就是认识的人多，就是别人都愿意为她服务。头脑简单加上自负的性格使她从不会去为别人考虑，也不想帮助别人。后来，我屡次听到她周围的朋友抱怨她太自私，遇到朋友有事请她帮忙，她就只顾跑路；而自己有事需要朋友帮忙时，又说尽好话，百般讨好朋友。日子久了，朋友们也就渐渐远离了她，就连她自信不会离开她的那些异性朋友，也都逃之夭夭。

某天，她找到我，一脸不悦的样子，让我帮她出出主意。尽管有些不好意思，但她还是把心里的话都说了出来。她说："我真的不知道自己做错了什么，我待他们很热情，时常请他们吃喝玩乐，偶尔还会买礼物送给他们。我觉得自己已经够关心他们了，为什么他们还要疏远我？"于是我反问她："朋友之间除了这些，难道不应该互相帮助吗？如果你不肯帮助别人，别人为什么要帮助你？"她似乎想说自己条件优越，忍了忍，终究什么也没说。我们分别的时候,她还是一副似懂非懂的样子。

自身的条件和优势可以吸引更多的朋友,这原本是难得的天赋,但如果不好好维系彼此间的关系,就会像这位美女一样,最终落得个被人冷落的结局。别人看中你的优势,是因为他们认为你的优势可以为他们所用,如果你想不费吹灰之力,随意利用别人的优势,可能吗?就算你美若天仙,美丽能救人于危难吗?想要凭借自己的优势建立人脉关系,又不想为别人出力的女人是可笑的,也是愚蠢的。在这样一个现实的社会环境中,没有什么事情是天经地义的。想要利用别人的优势,就要付出自己的优势,有来有往的交际才能长久。

抓住身边的贵人就抓住了成功的机会

与贵人的相遇可以看作是机会来临的标志,如果错过身边那些对自己有价值的贵人,等到回过头再去接近对方,机会已经不再。

生活中有三个基本要素:自我、贵人、机会。自我是前提,机会是目标,贵人是关键。古今中外的许多事例都证明,贵人是生活中不可缺少的存在。所以,与贵人的相遇可以看作是机会来临的标志。然而,我们无法预知贵人出现的时机,所以往往会错过身边那些对自己有价值的贵人。等到回过头再去接近对方,机会已经不再。不过,尽管贵人的出现无法预知,但至少我们可以对身边的人做出适当的判断,选择那些有可能成为贵人的人。也就是说，很多时候，我们不必刻意去寻找贵人，只需留意身边的人，观察他们对自己的态度，就能从中发觉些许端倪。有些人外向，有些人内敛，但不管是怎样的性格，贵人始终都会站在你这边，默默地支持你、帮助你。

有人认为贵人就一定是身居高位的人，或者是令人心仪且欲模仿的对象，他无论在经验、专长、知识、技能等各方面都略胜一筹。但事实上，贵人并不一定是高自己一等的人。有些人表面看来并不比你强多少，但却能成为你生命中潜在的贵人。这样的人是最容易被错过和放弃的，而一旦抓住他们，你便会发现，他们或许比那些身居要职的人还管用。因为他们既没有高高在上的架子，也不会在乎眼前的你究竟会给他们多少回报。他们会为你营造一个相对宽松的发展环境，让你有机会充分提升自我，并发挥自己的潜力，你未来的成功才是他们希望看到的。如此贵人，怎么能让他从身边溜走呢？那就一起来看看究竟哪些人有机会成为你的贵人吧。

1.愿意无条件支持你的人

毕竟，世界上所有的人并不都是势利的。相反，那些大气、有远见的人从不会计较眼前的利益得失。他看好你的能力和潜质，相信你未来的前途，并且愿意帮助你成功，会无条件支持你。当别人在背后中伤你，当你掉进了别人的陷阱，他都会站出来帮你的忙。这样的人不是贵人又会是什么？偏偏有些人认为社会黑暗，养成了疑心病重的缺点，遇到支持自己的人就总以为人家要沾你什么便宜，从而一躲再躲，甚至明确拒绝对方的帮助。还有些人非常乐意接受别人的帮助，却不将对方当做贵人来看待。总以为自己的身上有某种吸引别人的特质，久而久之还养成了自负、自大的毛病，认为自己天生好命，不管什么难关都会过去，渐渐也就不再努力奋斗。最终，当然也会落得两手空空。所以，请善待愿意无条件支持你的人，相信有了他们的支持，你的成功之路会平坦一些。

2.愿意"教育"你的人

很多时候,唠唠叨叨的说教是一种关心的方式。只要是对自己有好处的话,多花点时间听一听不是坏事。可有些人总是害怕别人的唠叨,不管是来自长辈的还是同辈的,一概拒绝。要知道,只有当别人真心在意你的时候才会关心或提醒你,怕你少走弯路或者被人陷害。不然,谁又会愿意浪费自己宝贵的时间?不要总觉得别人不了解你的情况,不懂你所处的环境,"旁观者清"这句话是怎么来的?拒绝旁观者善意的提醒,兀自坚持自己的路,是固执的表现。错过一次教育,很可能会错过一个贵人,要当心哦。

3.愿意和你分担痛苦、分享快乐的人

人生中的风风雨雨需要有人陪伴我们一起走过,所以那些愿意陪你经历痛苦的人弥足珍贵。而对只想分享你的成功,却不愿陪你经历痛苦的人,唯有敬而远之。我们一定要明白什么是近,什么是远。有些人习惯用同样的态度对待周围的所有人,分不清什么是远,什么是近。对工作上的朋友讲场面话、客套话,对愿意帮助自己、将自己看做好友、伙伴的人也说同样的话,这难免会伤了人家的心,让人家觉得你不够真诚,往后自然就不会再有人与你分担痛苦、分享快乐了。

4.明知你的缺点,却仍然教导你、提携你的人

当你的缺点已暴露在人前,人家还不嫌弃你,还愿意帮助你,这是多么大的荣幸,多么难得的机会啊。如果因为缺点被发现而觉得难为情,不愿意再接近人家,那你也许真该好好调整一下自己的思路了。

5.欣赏你长处的人

注意,此时说的是"欣赏",而不是"羡慕"。欣赏是发自内心的赞美与接纳,不带有任何功利色彩,而羡慕可能只是嫉妒的前奏。真正有资格做贵人的人是不会担心别人具备超越他的能力的。但某些人往往只因受到他人的吹捧与称赞,就认定对方是自己的贵人,其实很可能对方的心里不仅不想称赞他,还会担心他对自己构成威胁。因此,要对自己有清醒的认识,不要被过度的吹捧冲昏头脑。

6.愿意遵守承诺的人

在这个我们已经习惯将承诺当做耳边风的时代,有谁还会在意别人的承诺?于是某天,当你忽然发觉有人愿意遵守承诺,就请好好珍惜吧。你会发现他们非常清楚自己的能力,只要许下承诺,就不会轻易改变,而这对于成长中的你来说是非常重要的。

7.处处为你着想的人

也许他们在你的眼中算不得有能力、有地位的人,但只要他们愿意处处为你着想,你还能要求什么呢?人的精力是有限的,他们愿意将有限的精力用在你的身上,这本身就已经是莫大的恩惠,难道你还有理由埋怨对方的能力不够强,地位不够高吗?生活中,我们常常看到有些人用不耐烦甚至是恶劣的态度对待为自己着想的人,只因在他们的眼中这些人没有用处,只会啰嗦,让人心烦。可是比起那些处处想要算计他们,找他们麻烦的人,这些"没有用处"的人简直就是他们的保镖。

8.生你气的人

有句话叫做"恨铁不成钢"。之所以恨,是因为还期盼你可以做得更好。如果对方否定了你的能力,那根本就不会有恨,而是无视。恨与爱一样,都是深刻的感情和复杂的情绪,是需要花费很多精力的。一个不想与你有任何瓜葛,或者根本看不上你的人,是不会对你有任何感情投入的。所以,面对还愿意生你气的人,心中多一份自知与宽容吧。不要觉得人家埋怨你、教训你,你也要还以颜色,甚至立刻就绝交。这样你会错过生命中最宝贵的东西,成功不只需要鼓励,还需要鞭策。

第 9 个礼物

口 才

女人幸福的社交优势

好口才是事业上披荆斩棘的利剑，是生活上彰显魅力的资本。好口才使女人成为时代的宠儿：在社交场上八面玲珑、光芒四射；在职场中游刃有余、挥洒自如；在情场上应对自如、巧占先机；在家庭生活中温良贤惠、其乐融融。

好口才能够使女人心想事成，从而让她在人生旅途中处处顺心；好口才能够使女人在危急关头化险为夷，从而让她在社交中事事如意，在商战中左右逢源……

在正确的场合、正确的时机说正确的话

仅仅学会看场合说话还不能算是交际的高手，只有懂得在适当的场合下瞅准时机，一语中的，才算是真正的行家里手。

现如今，社交已经成为一种时尚。想要在社交活动中拥有自己的一席之地，就要学会分辨场合与时机，选择正确的词句来表达观点。然而，这个看似简单的要求，做起来却并不简单。

对于某些女人来说，说话仿佛如生命般重要。不管何时何地，只要身边有人，便会喋喋不休地说个不停。她们既不在乎别人是不是有时间听，也不在乎别人是不是愿意听，只要自己说得痛快就万事大吉了。

我的一位朋友所在的公司就有这样一个女人，只要工作不忙，她的嘴巴就很少有休息的时候。各个办公室走一趟，走到哪儿说到哪儿，活像一个永无休止的大喇叭。同样喜欢说闲话的几个女人倒没觉得有什么，可苦了那些埋头苦干的男人们。工作忙得不可开交，还要忍受各种各样的闲言碎语，实在让人崩溃。于是，他们多次提出抗议，希望她可以静一静，无奈那位小姐依旧我行我素，没有丝毫改善。按她自己的话说，如果长时间不能说话，简直太痛苦了。

后来公司改制，部门人员有所变动，这位小姐不得不离开原来的部门。可接下来，竟没有一个部门愿意接收她加入。看在她工作能力较为优秀的分儿上，最后只好由领导出面，分派她去给新员工讲课。想来领导也是煞费苦心,才给了她这样一份以说话为主的活计。

瞧,原本应该是能力优秀、令人钦佩的女人,结果毁在一张嘴上。不分场合地大说特说,给旁人带来了麻烦,也令自己的形象大打折扣。

还有的女人将"沉默是金"发挥得淋漓尽致,一副城府很深的样子,极少言语,仿佛世界上没有什么人值得她们开口说话。不管面前是陌生人还是熟悉的朋友,别人不起话头,她便绝不开口。最多就是微微一笑,算是表示好感或谢意。也许她们真的是博学多才,不屑与平凡人讨论鸡毛蒜皮的琐事,可人这一生怎么能只与自己喜欢的人说话呢?古人说,"三人行必有我师",每个人的身上都有值得学习的优点,盲目轻视别人只能证明自己的愚钝。

不分场合的沉默不语与不分场合的乱说话一样,都是人际交往中的大忌。聪明女人之所以能够成为社交活动中的明星,就是因为她们能够针对不同的环境、不同的人,说不同的话。俗话说:"见人说人话,见鬼说鬼话。"如果你对人说鬼话,或者对鬼说人话,无论说得多么好听、多么天花乱坠,只能起到适得其反的效果。

小时候,长辈们常常教育我们:在喜庆的日子和场合下,要说喜庆的话;在公共场合,不要宣扬个人隐私;遇到庄重的场合,言谈举止要彬彬有礼。这些都是最基本的说话技巧。当我们渐渐长大,进入社会,人际交往也复杂起来,办公室、酒桌饭局、娱乐场所、商场超市都是我们日常需要面对的各种场合。要想应对自如,就要多学、多听、多看,学习各类技巧,并将它们变成自己的习惯。久而久之,就可以出口成章了。

但仅仅学会看场合说话还不能算是交际的高手,只有懂得在适当的场合下瞅准时机、一语中的,才算是真正的行家里手。所谓"适当的说话时机",最重要的一点就是在适当的时间里,利用有限的词句,充分完整地表达自己的意愿。

举个很简单的例子,假如你的老板正在为公司改革失败而懊恼,而这次改革恰好又是你当初就不看好的,那么你可以说些宽慰的话,但最好不要再去品评这件事。如若不然,他可能会认为你在嘲笑他的失败。掌握恰当的说话时机,要摒弃一切对自己不利的因素。从对方的心态出发,而不要只顾自己的想法,想对方之所想,才能说出令对方受用的、正确的话。

另一方面,我们还要掌握审时度势、察言观色的技巧。有些人心直口快,脑子想着什么便不假思索地脱口而出,结果往往容易得罪人。某次,我的一位好友与其他两位朋友共进晚餐。席间,好友关切地询问其中一位朋友"身体怎么样",这位朋友还没来得及回答,旁边的另一个人立刻开口抢答,说那人如何不留意,患上了某种小毛病,刚刚痊愈。那人尽管并不在意好友知晓此事,但听后还是不太高兴,只得用尴尬的笑声掩盖。随后,我朋友赶紧将话题岔开。

或许在这位多嘴的朋友看来,3个人关系比较亲密,说点私密的话题也不妨,殊不知即使在熟人之间,这种口无遮拦的态度也会给朋友留下坏印象。所以,任何时候都不要随意帮朋友回答个人隐私方面的问题,毕竟人与人的观念不同,有的人哪怕面对最好的朋友,也不愿说起关于自己的负面消息。

有时候,直率是一种讨人喜欢的秉性。但也有时候,直率反而成了与人交往的劣势。如果有人无奈地对你说"你这人真实在",那你就要好好地检讨一下,是不是说了什么不该说的话。

此外,适时沉默也是一种技巧。当我们试图说明某件事的时候,并非一定要用语言表达,有时一个手势、一种姿态、一个动作就能恰当而准确地表达自己的想法。

俗话说:"好胳膊好腿,不如一张好嘴。"此话虽然有点偏颇,但同时也说明人们将"会说话"看得十分重要。有头脑的女人一定会处处留心,磨炼自己把握场合与时机的能力,做一个在任何场合中都游刃有余的人。

识辨话之真假，分清场面话与实话

如果将场面话当做实话来听，会令自己陷入自负或失望的境地，到头来仍然一事无成；而如果将实话当成场面话来听，会挫伤说话人的感情，从而影响两人之间的关系。

当你需要称赞别人的时候，会夸大别人的优点；当你不忍拒绝别人的时候，会有所保留地应允；当你巧语搪塞别人的时候，会先为对方找个适当的理由。这些话看上去都不够真实，但是它们可以令双方都欣然接受，不会闹出尴尬或者不愉快的场面。凡事都留有余地，为别人，也为自己。因而，场面话便成为了人际交往中十分重要的一种现象。

玩转场面话是生存所必需的智慧，这不是欺骗，也不是罪恶，而是人与人交往过程中的技巧。我们要学会在适当的场合下说出正确的场面话，更要学会分辨别人说的话里，哪些是场面话，哪些是实话。如果将场面话当做实话来听，会令自己陷入自负或失望的境地，到头来仍然一事无成；而如果将实话当成场面话来听，会挫伤说话人的感情，从而影响两人之间的关系。

通常，最常见的场面话有两种：一种是来自别人的夸赞。比如，称赞你的服饰前卫、漂亮；称赞你的工作出色；称赞你的头脑聪明、会办事；称赞你的男朋友优秀等等。另一种是不会立刻兑现，甚至是根本无法兑现的许诺，诸如"有什么问题尽管来找我"、"我一定尽力"、"我再想想办法"之类。

众所周知，场面话不可信。但是想要避免错信场面话，就要有分辨的能力。场面话人人都会说几句，但并不是每个人都能听得明白，尤其是涉世未深的人，尽管处处小心、步步留意，还是难免会在场面话里栽跟头。

按理来说，第一种场面话应该是最容易分辨的。因为每个人都了解自己，知道自己的相貌、头脑、能力到底处于什么水平，对于那些善意的夸张成分自然就不会认真，不过赚份好心情罢了。然而，我们回想一下就会发现，多数女人都有过被善意的"谎言"夸晕，而做出错误决定的经历。

某天，你与好友或同事一起逛街，在一家小店相中一款连衣裙。店主自然是使尽浑身解数，定要让你相信这条裙子绝对是为你量身订做的，当然价格也不菲。以你的眼光看来也确实挺不错，但仍然犹豫不决。这时，你一定会询问旁边的朋友。俗话说，"旁观者清"，这位朋友的确对它穿在你身上的效果有些想法。假如真的是特别好，那是皆大欢喜。可万一不太好，你也许就只能收获几句场面话了。因为这条裙子是你特别看好的，如果朋友说"不怎么样"、"没有想象的那样好"，便会影响你的心情。何况，人与人的眼光不同，朋友也不愿因自己的眼光害你错过喜欢的裙子。所以，她通常会用"挺好的"、"挺不错"、"挺漂亮的"来答复你。然后，你就会乐颠颠地把裙子买回家。

夜里，当你在老公或父母面前炫耀这条裙子的时候，得到的回答很可能就是"一般"、"还凑合"、"也就那么回事"等等。而后你再仔细在镜子前面比一比、照一照、看看材质，或许就不像在店里时那么喜欢了。

小小的虚荣心往往使得女人们对于赞美之词照单全收，很少有人能真正冷静下来，认清别人的话里究竟有几分真实。除非是特别明显的吹捧，否则女人们还是会找不着北。以前，卖东西的店家喜欢称呼"小姐"，而如今，美女、仙女、MM 等词汇逐渐流行起来，叫得人心旷神怡。其实，细细想来，这些都不过是场面话而已，盲目地相信是会吃亏的。

如果说在第一种场面话中吃点儿小亏不算什么，那么第二种场面话可就不那么简单了。处理不当不仅会破坏人际关系，还会耽误自己的前程。

一位朋友曾向我讲述过她小时候的幼稚经历：春节时，妈妈的朋友悄悄给了她100元压岁钱，并"叮嘱"她千万别告诉妈妈。那时候她的思想特别单纯，竟将这位阿姨的话信以为真，真的没有告诉妈妈。过了几天，她的妈妈去参加朋友的聚会，回来之后便问起这件事，还将她训斥了一通。原来，聚会时，那位阿姨在饭桌上向她妈妈提起压岁钱的事，本想讨几句感谢的话，没想到她妈妈却一无所知，只得匆忙应付了几句场面话，弄得十分尴尬。

当时，我朋友还觉得特别委屈、特别伤心，怎么都想不通那位阿姨为什么要"当面一套，背后一套"，还在心里默默地想：不就是100元钱嘛，宁可不要也不愿受这样的气。往后她再见到那位阿姨也不愿意打招呼，总是冷着脸。等她渐渐长大了，才明白那时候那位阿姨不过是讲了句场面话而已。

小孩子误将场面话当成真话、实话，只是成长过程中的一个教训，而成年人在工作中若犯下如此错误，就会给自己带来不必要的麻烦。比如，某些人对领导唯命是从，领导安排的每一件工作都尽力完成，从不懈怠，结果在领导眼中却成了死板、教条、不懂变通的人。还有些人将同事的一句"有什么事尽管来问我"当成实话，真的隔三差五便去麻烦别人，最后只能招人厌恶。想要避免这些失误，就要善于琢磨别人的心思。

卓雅是某家公司的经理助理，头脑灵活、精明能干，特别讨经理喜欢。因工作关系，她常常要与经理一起应付各种饭局。席间，宾客们时常当着经理的面称赞她，经理也表示要好好培养她，逐渐让她接手公司的核心业务。这些话听来固然振奋人心，但卓雅心里明白，不能当真。果然，整整一年下来，那位经理始终没有提起让她学习业务的事。

假如卓雅不懂分辨场面话，误以为经理说的话是对自己未来发展的承诺，而表现出一副积极努力的样子，随时准备接受领导的培养，那么最终就会令她失望透顶。幸而聪明的卓雅在权衡公司的情况时就已明白，如果经理把自己的业务经验传授给她，无疑等于为自己树立了一个竞争对手。所以，老谋深算的经理绝不会这么傻，她也就不必有所期待。

分辨场面话需要常识、经验与阅历，这不是一朝一夕能够练就的。但只要多思考、多留意、多积累，从场合、内容、利害关系等因素来判断，就不难识别话的真假了。

关键时刻要强硬地表达自己的 观点和态度

有头脑的女人绝不会轻易败在别人的手里，她们懂得坚持自己的底限，也懂得如何反击。在关键时刻，要强硬地表达自己的观点和态度，才能保护自己的利益和权益。

相对柔弱的天性使得女人们进行语言表达时往往会给人留下弱势的印象。因为多数女人性格温柔，关键时刻不够果敢，也不够坚定，很难在对话过程中占据主导或上风，偶尔还会被表面的假象蒙蔽，做出错误的判断。所以，有语言学家认为，男性语言体现权利与欲望，而女性语言体现谦恭和附属地位。在公共场合或社交场所，男性会激情地谈论某件事，并掌握话语的主动权，而女性则会选择间接的方式，表达自己的观点。这就使得女人们的话常常不被重视，也就收不到理想的效果。

俗话说："柿子要找软的捏。"某些人正是看到了女人的软肋，才会在交往过程中利用这一点，迫使女人做出让步和妥协。然而有头脑的女人绝不会因此而败在别人的手里，她们懂得坚持自己的底线，也懂得如何反击。在关键时刻，要强硬地表达自己的观点和态度，才能保护自己的利益和权益。

假如在某种场合下，有朋友怂恿你做一件原本不想做的事，而周围与你相仿的女人都已经被打动，你还会坚持自己的观点和态度吗？

我朋友的一个熟人曾在保险公司举办的活动中遇到过这类事情。其实，她根本就不需要购买保险产品，同时她也知道保险推销员在推销产品的时候会吹得神乎其神、天花乱坠，但当她收到保险公司的活动邀请时，还是犹豫了。后来，由于推销员是她的一位朋友，而这位朋友又声称这次机会是非常难得的，全市也不过只有几十人受到邀请，地点又是高级的四星级酒店。她想来想去，觉得不好意思拒绝朋友的好意，再说能在那么高级的地方吃上一顿饭，也算不虚此行。于是，碍于面子和那点小小的虚荣，她还是接受了朋友的安排。

活动果然十分有排场，场面热烈、宾客满座、好不热闹。经过一番狂轰滥炸，她身边的几个女人就有些飘飘然了。最终，这位女士没能躲过朋友的鼓励与其他人的感召，莫名其妙地签下了几万元的意向单。事后，她当然只有后悔，好在还有挽回的时间和余地，她费了很多麻烦和口舌，才甩掉这个包袱。

也许你会说，这位女士还是有钱，付出几万元眼睛都不眨一下，如果没有钱，任凭别人忽悠也是白搭。好吧，那如果别人并不想在钱上占你的便宜，而是其他方面呢？你敢保证自己还会坚持最初的想法吗？

在某些场合下，你的确会受到蛊惑和感染，你还会不好意思翻脸。但稍微的犹豫也许就会让你陷入被动，失掉自己的利益。因此，我们要明白，很多事情是不可以做出让步的。当我们遇到触及自身利益和权益的事情时，就要用强硬的态度来应付。明确地告诉对方什么是你不会去做的，或者什么是你想要去做的，让对方知道你不会傻傻地走进别人设下的圈套。比如，你的同事常常将自己不愿做的工作推给你,或者你的上司想要你充当某个错误的替罪羊,如果你不懂得强硬地表达拒绝与心中的不快,就会被人看成是"软柿子"。

有时候,强硬地表达观点与态度还会使周围的人更加了解你的原则和为人,当别人知晓了你的承受限度,就会采用正确而公正的方式对待你。将别人的歪心思扼杀在萌芽里,既保护了自己,又不会在关键时刻令场面尴尬,何乐而不为。有所为,有所不为,是人之常情。适当的强硬不仅不会给人留下坏印象,还会让别人对你刮目相看。

当然,强硬并不意味着要剑拔弩张,脸红脖子粗的强硬多少显得有些愚笨,笑里藏刀、话中有话才能强硬得恰到好处,又不会破坏氛围,伤害别人。

淘岚是某家公司的部门主管,平日里为了部门利益,少不得要与其他部门的主管打太极。某次,别的部门想要挖走她手下的一名得力干将,对于她这个原本人数就不够的部门来说,无疑是雪上加霜。所以,她根本不可能同意。而对方也料到她的想法,于是通过关系找来人事部门的领导做工作。淘岚很聪明,她知道这类调动不是必需的,基本要看各方的意愿决定,对手不愿与自己直接交锋,而是借用别人的手,就是没有底气的表现。但她还不能直接拒绝,怎么也要给这位人事部的领导一个面子。第二天,她私下对这位领导说,自己的部门实在很忙,如果失去了一员大将,必然会影响公司的日常工作,这个责任谁都负不起。那边的主管找不到合适的人,可以通过招聘等其他手段解决,如果实在想要挖她的人,还可以向公司领导汇报。现在根本不必人事部出面,否则白白辛苦也讨不到什么好处,何必呢。

这位领导看淘岚态度友善,又"处处为自己着想",同时也带着不会妥协的口气,就索性顺水推舟,下了这个台阶,再也不管了。那位幕后主管也很知趣,从此再也没有提及挖人的事情。

可见，强硬也有强硬的门道。我们的目的是要将自己的决心与意愿传达给对方，维护自己的利益，但不要做得太直接、太过火。不然，闹得各方都不愉快，往后的工作就会变得更加困难。

聪明的女人既不会让自己吃亏，也不会让别人难堪。遇事多给自己一点儿思考的时间和斩钉截铁的勇气，该拒绝的时候拒绝，该声明的时候声明，不要给别人误解或伤害你的机会。

适当的时候保持沉默

沉默究竟是金还是铁，要看具体的情况而定。有的时候沉默的确是金，而有的时候沉默则一文不值。

说起"沉默"二字，很多人首先想到的便是那掷地有声的 4 个字——沉默是金。简简单单的 4 个字传承了很多年，也被人们议论了很多年。关于这种说法，有的人同意，也有的人不同意。但真正懂得这 4 个字的人却不会用"同意"或"不同意"来表达对它的看法，因为它的玄机远不只是表面的意思那样简单。换句话说，沉默究竟是金还是铁，要看具体的情况而定。有的时候沉默的确是金，而有的时候沉默则一文不值。

天性沉默寡言的人大都性格内向、沉闷，可能还有点儿自卑。这类人不管遇到什么事、什么人，都极少在公开场合发表自己的观点，让人摸不透、想不通，也就不怎么讨周围人喜欢。他们在社交活动中常常处于被忽视的地位，生活平庸，朋友也不多。可见，这样的人与成功之间的距离只能越来越远。因而,许多后来人便提倡放弃"沉默是金"的老观念,拼命锻炼自己的口才,使自己能够更好地适应社会生活。

提升口才当然是正确的选择,但假如只重视说话的能力,却忽略了沉默的作用,就会走向另一个极端。这就是为何很多人养成了夸夸其谈的毛病,不看说话的场合与时间,不去想究竟该不该说,而只是不停地说话,好像生怕别人将自己当做一个沉默寡言的人。还有的人为了显示自己的博学多才,喜欢把自己的想法随时随地表达出来,结果不但得不到应有的尊敬,反而让人产生厌恶的情绪。所以,懂得沉默也是会说话的表现之一。在该沉默的时候沉默,不仅不会给人留下沉闷的印象,还能彰显说话者过人的智慧。

女人相较男人来说,情感更为丰富、细腻,感慨比较多,牢骚比较多,就显得喜欢说话。"长舌妇"这个词儿就形象地展现了女人在说话方面的缺点。尽管这个词也可以用来形容男人,但为何当初用"妇"而没用"夫",显然是因为在多数人的印象中,女人更喜欢到处扯闲话、搬弄是非。

而如今,女人们的素养已经越来越高,也渐渐摒弃了"长舌妇"的陋习。现在我们要做的,就是学会在适当的时候保持沉默。

在情绪激动、欠缺思考的时候,不要说出既伤害别人,又令自己难堪的话。生闷气不是个好办法,但生气的时候只顾用说话来发泄,更不是个好办法。心情起伏难平的时候,说话也是不假思索、脱口而出。愤怒的人只能说出一些狠话、气话、绝话,不仅对解决问题没有半点儿帮助,还会把自己和对方都推到风口浪尖上。情人间的吵架便是很好的例子,两个气昏了头的人彼此不依不饶地互相攻击,最终的结果只能是两败俱伤。而此时,只要有一个人适当地保持沉默,战火便会缓和。等两个人都经过思考再交流,很多问题就会迎刃而解。因此,就算是对方犯下了错误,你也不要急于进攻。事实胜于雄辩,沉默也是如此。

在时机未到时,不要抢了关键人物的话。喜欢说话的女人常常是喜欢抢话说的,这在朋友之间也许算不得什么,可要是在领导面前,就要时刻小心。假如你说了不该说的话,回答了不该回答的问题,甚至是抢了领导想说的话,后果就可想而知了。比如,你与你的直属上级和大领导在一起的时候,大领导提出的工作方面的问题一定要由你的直属上级来回答。如果需要你来回答,你的上级自然会将话题转交给你,不然你就在一旁保持沉默好了。即使他们在话中提到你,你也只需保持微笑。切不可随意插话,或者与你的上级抢话,否则只会给领导留下不知轻重的坏印象。

在被人误解的时候,不要一味地解释、澄清,适度的沉默也可以帮你走出困境。俗话说,"越描越黑",有些事情越是解释,越容易被人误解。还有些事在当时的场合下根本就解释不清楚,因为对方没有心情听或者根本不会听。这时,不妨暂且保持沉默,等待谎言不攻自破,或者等到对方肯听的时候再解释,效果就会完全不同。

在不明就里的时候,请保持沉默。比如,周围的人心情不好或遇到难题的时候需要安静地思考,也许你的确想要尽力帮助他们,也许你不过是想要说几句话来安慰他们,但你最好克制一下,做个沉默的关注者,给他们更加轻松的环境和氛围。当他们想要倾诉、需要帮助的时候,自然会想到你。如果你不分青红皂白地在他们耳边发出声音,到头来很可能出力不讨好。他们会因此而更加烦躁,而你会因自己的付出打了水漂而埋怨他们不识好人心。

有头脑的女人不仅能言善辩,还懂得在何种境况下保持沉默。因为沉默不只是一种智慧,也是一种宽容、一种姿态、一种风情,蒙娜丽莎的微笑就是最好的证明。

说话之前先给自己留好退路

想要避免在不恰当的时候说出傻话或掉进别人的陷阱，就要在回答之前多给自己一些思考的时间，不要让傻话脱口而出。

分寸意味着标准和限度。凡事无绝对，事情做得太绝，就失去了回旋的余地。说话也是如此，把话说得太绝、太死，只能搬起石头砸自己的脚，讨不到任何便宜。有些人为了强调自己说话的内容，喜欢用"绝对"、"一定"、"肯定"这些带有强烈感情色彩的词语。结果，一旦发现自己的话并不可靠，想要挽救却已经来不及了。而世上没有后悔药可卖，说出去的话就像泼出去的水，是无论如何也收不回来的，只能眼睁睁地看着自己栽跟头，平白无故地得罪人。还有些人说起话来愿意用恶毒的词儿，尤其是生气的时候，更是什么词儿毒说什么，只顾恶语连珠，却不考虑后果。最终，只得闹个鱼死网破，就连道歉或挽回的余地也没有。

说话就像走路，没有哪个人愿意将自己逼入死胡同，所以多数人都是不小心才跑到悬崖边儿上，进退两难。一年前，我的一位朋友与男友吵架，两个人为一点儿鸡毛蒜皮的小事互不相让。这原本是许多情侣间都会发生的问题，脾气发过了，两个人消了气，仍然和好如初。可这位朋友一时间发了狠，说错了话，将男友逼到了绝境。无奈之下，男友只好选择离开，从此再也没有回头。等气消了，朋友才回过神儿来，后悔自己把话说得太绝，竟失去了任何补救的可能。为了几句不着边际的话，就可能错过一个喜欢自己、适合自己的人,多划不来啊。

也许有人会想,我就遇到过好几次这样的事,后来都及时挽回,消除了误会。可你敢保证下一次还能挽回吗?那些狠话就像一把刀子,句句都割在对方的心坎上,而每个人的忍耐都是有限度的,超过了极限就会破碎。所以明智的女人不会让自己养成如此说话的习惯,她们会控制自己的情绪,并恰当地选择措辞。即使生气生到昏了头,也只说当前、就事论事,不说其他。

如果说家人之间、好友之间和情侣之间还有原谅的余地,那么在某些场合下,这些话就真的会让你没有退路。

凯蒂曾有过一位合租伙伴,人爱干净,生活很有条理,也没有什么不良嗜好。可两人一起住了不到一个月,凯蒂就有点受不了了。原因就是那位小姐说话太过,仿佛舌头带了刺儿,两人间有点儿小矛盾,她就不依不饶,或拐弯抹角,或慷慨激昂,一定要把话都说尽了才肯罢休。某次,两人为放东西的事儿有点别扭,原本凯蒂不想与她计较,结果那位小姐张口便说:"你看你,这么点儿小事也和我过不去,你肯定是看我不顺眼。往后我再也不把东西放在这里了。"凯蒂一听就来了气,明明是她得寸进尺,还武断地说别人看她不顺眼。得了,你也别说这种狠话,咱们在一起住不好,分道扬镳还不行吗?第二个月,凯蒂就搬出了那所房子。后来她才听人说,那位小姐一直不断地更换合租伙伴,自己不过是其中之一。她不仅感慨,要是对方懂得说话时留有三分余地,又怎么会混到这种地步。

大人不计小人过,宰相肚里能撑船。但凡拥有几分度量的人,都不会对别人说出过激的话。那种喜欢将话说得绝对的人多半是没有多大自信,只能通过夸大的说话方式来证明自己。那么,是不是只要不说毒话、狠话就算修成正果了呢?其实,很多时候,我们在工作中也不能把话说得太死。

在职场中打拼的人大都会说些场面话、恭维话、敷衍话,也必然处处小心谨慎,生怕说了不该说的话,答应了不该答应的事。可有时候还是会不经意地说出没有分寸的话，或者在别人的诱导下，答应了自己办不到的事。

在公司的例会上，大家商讨新产品的宣传方案。你刚好对自己的方案特别自信，并且经过观察，你发现自己的方案是所有与会者中最好的，但决策者却迟迟不肯表达看法，其他人也没有表示欣赏的意思。这时，你会不会急于求成地说出"这已经是最好的了"、"你们倒是说说看，还有什么其他更好的方案吗"之类的傻话？

某个同事以朋友为名，要求你帮她处理某项工作，而这项工作不仅令人头痛，很可能连你也无法圆满解决。你本想婉言拒绝这桩差事，可是朋友说"你先看看吧"、"你就试试吧"之类模棱两可的话，你还会忍心拒绝吗？可如果你没能拒绝，她很可能会在你答应"看看"、"试试"之后再追加一句"我等你的好消息"、"那你就×××时候给我吧"，于是你就在不知不觉中揽下了一桩棘手的差事。假如你不能按时完成，就会背上"说话不算话"的罪名。

工作中会有许多类似的情况发生，令人防不胜防。想要避免在不恰当的时候说出傻话或掉进别人的陷阱，就要在回答之前多给自己一些思考的时间，不要让傻话脱口而出。想清楚事情的来龙去脉与利害关系，就不难做出正确的判断了。

俗话说，计划不如变化快。无论你多么肯定一件事情的结果，都不能把话说得太死。一根绳子中间打了死结，很可能就不能再用。一席话说得太过绝对，只能徒增后悔与感伤罢了。

适度赞美自己的同性是
成功女人所必需的

若想获得一个女人的好感,聪明的女人明白:适度的赞美是必要的,让她知道你是她无须设防的人,你真心把她当朋友,你不会同她争风吃醋。

在现代人际交往中,是否会恰当地赞美他人已成为衡量一个人交际水平高低的标志之一。因此,一个人是否具有良好适度赞美别人的习惯,往往决定了他能否能建立一个成功的交际关系网。

其实女人间轻松相处的最简单的方法就是适度赞美自己的同性,比如"你今天的唇膏颜色真漂亮"、"这身衣服配你,真是再合适不过了"。确实,女人喜欢受注目。若想获得一个女人的好感,聪明的女人明白:适度的赞美是必要的,让她知道你是她无须设防的人,你真心把她当朋友,你不会同她争风吃醋。

同在一家公司工作的小田和小雪素来不和,小田觉得小雪是在故意刁难自己,见了自己不是冷冰冰的就是阴阳怪气的。小田想,小雪这样的人就是再聪明能干,也没人愿意理她。

有一天,小田忍无可忍地对另一个同事琪琪说:"你去告诉小雪一声,我真受不了她,请她改改她的坏脾气,否则没有人会愿意理她的。"从那以后,小雪遇到小田时,果然是既和气又有礼,不但不再说冷冰冰的刻薄话,反而有时还称赞小田。小田向琪琪表示谢意,并惊奇地追问她是怎么说的。琪琪笑着跟小田说："我对她说：'有那么多人称赞你，尤其是小田，说你又聪明、又大方、人也温柔善良。'仅此而已。"

一句简单的赞美，就轻易地化解了两个女孩子之间的矛盾，由此可见，赞美的力量是非常强大的。如果我们能注意培养自己赞美别人的习惯，那我们在社交中一定会更受欢迎。

赞美别人虽然是个好习惯，但在赞美别人时也要注意技巧，有些笨女人不懂得赞美的技巧，常常是一不小心弄巧成拙。

某公司有位周小姐，她不但长得漂亮，嘴巴也很甜。她的上司是个很优雅的女士，很会搭配衣服，稍一动手就变出很多看似一套套的新衣服。而那位甜嘴巴的小姐却成为这位上司的苦恼。因为，每天早上一到公司，对方那种令人不舒服的赞美就涌入耳中："哇，好漂亮啊！经理又买新衣服了对不对？颜色好漂亮喔，穿在您身上就是不一样。"隔天一见面，又来了："看看看，又一套了，很贵喔，也是新的吧，我就缺这个本事，不像您如此会打扮。"不仅如此，她还习惯当着客户"赞美"上司，说辞几乎都是："在我们经理英明的领导之下，我才有今天的成绩，好多人都问我跟我们经理多久了，其实也没多久，但是经理大人大度，肯教我嘛，对不对？"

后来，上司终于被她过分的"赞美"和不诚的眼神弄烦了，把她调去管理资料，眼不见为净。周小姐的赞美就很有问题，给人感觉太做作、老套又没赞美到点子上，因而不但没获得经理的青睐，反而被调得远远的。

赞美要自然、顺势，不必刻意为之，过于刻意会显得"另有所图"，可能对方不领情，反而弄巧成拙。此外，也不必用大嗓门赞美，这反而变成酸葡萄，有挖苦的味道了！最好是私下向对方表明你的看法，这种表示方法也比较容易造成双方情感的共鸣。

赞美要看对象。对喜欢漂亮的女孩子你就要赞美她的打扮；有小孩的母亲，最好赞美她的小孩，"慈母眼中无丑儿"，赞美她的小孩"聪明可爱"准没错;工作型的女孩子除了外表之外,也可赞美她的工作绩效;至于男人,最好从工作下手,你可称赞他的脑力、耐力,当然如果他已成婚,也可赞美他的妻子、小孩。

我们每个人都需要赞美,赞美会让对方在心理上得到充分的满足。赞美作为一种交际行为和手段,它的作用在于激励人们不断进步,能够对人的一生产生深刻的影响,能够沟通人与人之间的感情。

巧妙地赞美别人的闪光点

会说话的女人往往是一位善于赞美别人的女人, 她会抓住对方身上最闪光、最耀眼、最可爱而又最不易被大多数人重复赞美的地方,为别人戴一顶受用的高帽。

赞美是为人处世的关键。真诚地赞美别人,使你可以更好地与别人相处。不过,赞美别人也要掌握分寸,要巧妙地赞美别人的闪光点。

俗话说:"站得高才会看得远。"别人没有发现的优点,也就是在当前的状态下并不太明显的优点。因此,只有高瞻远瞩、富有洞察力的人才能够意识到这一点,才能够推知别人没有发现的优点。

赞美别人没有发现的优点,有时候还必须要有专业的眼光,而且要有一颗真诚的心。这样,才能够起到理想的效果。

一次,赵培鑫把一位姓唐的年轻人介绍给程砚秋大师时,夸奖道:"小唐是约翰大学的高才生,近来潜心钻研您的程腔,依我听他的二胡简直跟周昌华拉得一模一样。"当时，小唐正从师周昌华学胡琴，而程砚秋已是一位知名的京剧大师。由于赵培鑫对京剧有一定研究，看人一般都比较准。所以，他的一席话让程砚秋开始注意这个年轻人。但年轻人对于程砚秋的一番赞美，却使得程砚秋将其引为知己朋友。他对程砚秋说："我喜欢您的戏！您的唱腔深沉细腻，节奏感强，新颖动听，变化多。特别是愁戏，感情真挚，包含有丰富的内容……"程砚秋听完后高兴地说："好！我们京剧必须提高，就是需要文化水平高的大学生参加进来一起搞，我欢迎你呀！"后来，二人成为亲密的挚友。

每个人都不会拒绝别人真诚的赞美之词，包括领导。但赞美之词一定要有闪光的地方，不可流于世俗。比如对一个漂亮的女性，如果你经常夸她漂亮，这样"锦上添花"的赞美，她几乎天天都听，你再怎么费力赞美她，也不会让她觉得特别。但是如果你对她说："你真是个才女，有能力、有才华，还这么漂亮，真是迷人。"相信她一定会喜上眉梢，认为你是一个很有眼光的人。

会说话的女人往往是一位善于赞美别人的女人，她会抓住对方身上最闪光、最耀眼、最可爱而又最不易被大多数人重复赞美的地方，为别人戴一顶受用的高帽，让他有飘飘然的幸福。赞美是件好事，但却并非是一件简单的事。大多时候，我们给予的赞美都是不痛不痒的，效果并不十分明显，因为我们常常赞美一个人身上最容易捕捉到的闪光点。对此他都已经习惯了，不会产生特别的感觉。而会说话的女人则能独具慧眼，发现对方身上不易被发现的闪光点，并加以赞美，一定能收到奇效。

比如，对于一位事业有成、外貌又非常漂亮的女士，我们要避免对她的容貌和事业进行赞美。因为她对这一点已经有绝对的自信。但是，当我们转而去称赞她的贤惠、温柔时，那么我们的称赞，一定会令她芳心大悦。

比如，面对上司，如果你赞美他有能力、有才干、有魄力，他会认为你拍马屁。因为他几乎每天都听到类似的赞美，听多了也没什么新鲜的感觉了，所以任凭你再怎么卖力地赞美，他也不会心生喜悦。

但如果你发现他喜欢书法，对他说："真不知道，您的书法这么棒啊！"他一定会喜上眉梢，认为你是一个很有眼光的人。或者你发现他喜欢集邮，您对他说："您收集了这么多邮票啊，一定花费了不少心血吧。"他也一定会兴致勃勃的给你讲讲关于他集邮的事情。所以，赞美要因人而异，要挠到对方的痒处。

可见，赞美对方时，最好是称赞他最不显眼，甚至连他自己也未曾发现的优点。因为他最大的优点大家有目共睹，都知道。如果经常称赞一个人这样的优点，可能会让这个人产生反感；而那些小的优点，因为从未或很少有人发现，因此也就显得弥足珍贵。你的发现与称赞为对方增添了一份对自己的认识，也增加了一次重新评估自己价值的机会。同时，你不同凡响的观察力还会获得对方的器重。

事实上，世界上没有人对别人的赞美无动于衷，只不过有人会赞美他人，有人不会赞美而已。大文豪萧伯纳曾说过："每次有人吹捧我，我都头痛，因为他们捧得不够。"可见，高帽子是人人爱戴的，关键是赞美的人能不能抓住赞美之词的"闪光点"而已。

如果特别喜欢某人，或者特别想成为某人的朋友，可以了解此人的优点和缺点，称赞此人希望被称赞的地方。大部分人都有某些优秀的品质以及希望被他人认定为优秀的部分。任何人都有渴望他人褒奖的欲望，要想发现别人的闪光点，观察乃是最好的办法。

每一个人身上都有值得被赞许的优点，只要女性朋友细心地观察，静静地思考，就会在他人身上发现许多美好的东西，值得自己学习。此时，你的真心赞美不仅没有使你略逊他人，反而让他人觉得你慧眼识人；在赢来对方好感的同时，也会给人对方留下你非常重视他、了解他的印象，从而使他在内心深处真诚地愿意与你相交，与你建立友好关系。

背后说好话，才能左右逢源

对一个人说别人的好话时，你当面说，人家会以为你不过是奉承他，讨好他；在背后说时，人家认为你是出于真诚的，是真心说他的好话，人家才会领你的情，并感谢你。

当面赞美别人，虽然也能拉近彼此的距离，但是难免会带上一点儿恭维的成分，沾上奉承的色彩。但是，"背后鞠躬"就没有这些弊端，受表扬的人不在场，因此这个"鞠躬"肯定会被认为是发自内心的、是诚恳的，因此更容易让人相信和接受。

"背后鞠躬"说得通俗一些就是通过第三者在无意间转述自己对他人的好感或者赞美，或者通过创造某种特定的环境条件让对方听到自己对他的评价。

一位妻子就非常懂得使用"背后鞠躬"的"手段"，她的丈夫对她可以说是言听计从。在刚结婚的时候，以前的闺中密友经常打电话和她聊天，每当别人问道："你现在还好吧？"她总是一脸幸福欢快地笑着说："我很幸福！他对我很好，只要我哪儿不舒服，他就叮嘱我吃药、喝水……还有他做的饭菜好香好香……我工作忙的时候他就收拾家务，比我打理得还好……"在她这样说的时候，她的丈夫一定就在她不远的地方，看上去似乎在忙碌自己的事情，其实正竖着耳朵听，心里高兴得不得了。其实，一开始他只会炒鸡蛋，收拾屋子也是偶尔为之。但是到了最后，听到妻子在别人面前这样夸他就有了劲头去做，后来成了一个模范丈夫。

一般人都有这样的心理，如果别人对他的印象和评价与他自己期望的不一样，他就会自觉地调整和修饰自己的言行，以期符合别人对自己的看法。这位妻子深深懂得"背后鞠躬"的奥妙，自然就轻易地征服了一个原本不出色的男人。

《红楼梦》中有这么一段：

史湘云、薛宝钗劝贾宝玉做官为宦，贾宝玉大为反感，对着史湘云和袭人赞美林黛玉说："林姑娘从来没有说过这些混账话！要是她说这些混账话，我早和她生分了。"

凑巧这时林黛玉正来到窗外，无意中听见贾宝玉说自己的好话，"不觉又惊又喜，又悲又是叹。"结果宝黛两人互诉肺腑，感情大增。

因为在林黛玉看来，宝玉在湘云、宝钗、自己三人中只赞美自己，而且不知道自己会听到，这种好话就不但是难得的，还是无意的。倘若宝玉当着黛玉的面说这番话，好猜疑、小性子的林黛玉怕还会说宝玉打趣她或想讨好她呢。

事实上，在我们的周围，可把这种方法派上用场之处不胜枚举。例如，一个员工，在与同事们午体闲谈时，顺便说了上司的几句好话，"咱们的上司很不错，办事公正，对我的帮助尤其大，能为这样的上司做事，真是一种幸运。"当这几句话传到他的上司的耳朵里时，就免不了让上司的心里有些欣慰和感激。而同时，这个员工的形象也上升了。

不要小看这些细节，生活就是由无数个小细节组成的。生活中没有多少轰轰烈烈被载入史册的事情等着我们，我们要做的只是细节，一个又一个。现在，我们要注意的一个细节是，坚持在背后说别人好话，别担心这些好话传不到当事人的耳朵里。

对一个人说别人的好话时，当面说和背后说是不同的，效果也不会一样。你当面说，人家会以为你不过是奉承他，讨好他。当你的好话在背后说时，人家认为你是出于真诚的，是真心说他的好话，人家才会领你的情，并感谢你。假如你当着上司和同事的面说我上司的好话，你的同事们会说你是讨好上司，拍上司的马屁，而容易招致周围同事的轻蔑。另外，这种正面的歌功颂德，所产生的效果反而很小，甚至有反效果的危险。你的上司脸上可能也挂不住，会说你不真诚。与其如此，倒不如在公司其他部门，上司不在场时，大力地"吹捧一番"。这些好话终有一天会传到上司的耳中的。

作为女人，坚持在别人背后说好话，对你的人缘会有意想不到的影响。背后说别人好话，这样就可以人人不得罪，左右逢源，你好我好大家好了。

学会拒绝，勇敢地对自己不喜欢的人和事说"不"

聪明女人要学会拒绝，就得学会向自己挑战，向我们的面子挑战；学会拒绝，拒绝来自我们内心的自卑、懦弱和虚荣，让自己变得真实、自信、勇敢起来……

钱钟书先生说过："不必花些不明不白的钱，找些不三不四的人，说些不痛不痒的话。"或许我们的拒绝根本伤不了别人的面子，而你又落了个轻松自在，同时也让被拒绝的人了解了你的坦荡和真诚。

很多女人也许是太富有同情心了，往往很难拒绝同事朋友的请求。对社会频繁的人际交往、复杂的社会关系以及一些可有可无的聚会、应酬，总感到应接不暇。

于是老去抱怨："唉，真没办法，真累，真烦……"既然不喜欢，为什么不拒绝呢？她只会露出一脸苦相："说得容易，做着难。都是些同事或是亲朋好友，怎么拒绝？你若能拒绝，人家也会认为你不给面子。"

为什么就不能拒绝呢？聪明女人学会拒绝，就得学会向自己挑战，向我们的面子挑战；学会拒绝，拒绝这种面子，拒绝来自我们内心的自卑、懦弱和虚荣，让自己变得真实、自信、勇敢起来；要学会拒绝，就要敢于对自己不喜欢的人和事大胆说"不"。

某天早上，阿姨打电话来，问嘉仪能不能陪她一起去看拍卖古董。嘉仪说："不！"

中午社区报纸打电话问嘉仪能不能为他们的征文颁奖。嘉仪说："不！"

下午某大学的学生打电话来，问她能不能参加周末的餐会。嘉仪说："不！"

晚上，某报社传真过来问嘉仪能不能写个专栏。她说："不！"

你或许要认为嘉仪是不近人情，可当事人并没有这种感觉。因为，她很讲究方式和技巧。当她说第一个"不"时，同时告诉了她"下次拍卖古董，我会去。至于今天，因为我对家具、器物、玉石的了解不多，很难提出好的建议"。

当嘉仪说第二个"不"时，她说："因为我已经做了评审，贵报又在最近连着刊登我的新闻，且在一篇有关座谈会的报道中赞美我，而批评了别人。如果再去颁奖，怕要引人猜测，显得有失客观。"

当她说第三个"不"时，她说："因为近来有坐骨神经之苦，必须在硬椅子上直挺挺地坐着，像是挨罚一般，而且不耐久坐，为免煞风景，以后再找机会！"

当她说第四个"不"时，她以传真的方式告诉对方"最近已经刚刚寄出一篇文章,专栏等以后有空再写。"

嘉仪说了"不",但是说得委婉。她确实拒绝了,但拒绝得有道理。因此能够取得对方的谅解,自己也落得清闲。

愈是想对得起每一个人的,愈可能对不起人,因为精神、时间、财力有限,不可能处处顾及,结果办事情的水准下降,还是对不起人。就算是拼老命地应付了每个人,至少对不起了他自己。

当然,如果能在生活、学习和工作中热情倾力地帮助别人,对别人的困难有求必应,自然更加容易建立融洽的人际关系。可是,有些事情有违你的做人原则和行事底线,还有些事情是你能力之外的,确实有难处,如果答应了,自己难以对付;如果拒绝了,对方肯定会心生怨恨,或者认为你不讲情面。有些时候,你必须给别人的请求一个明确的答复。如果是合乎对方期望的回答还好,但是如果直接表示你的否定,尤其直截了当地说"不"的时候,对方轻则失望尴尬,重则反目成仇,从此不相往来。

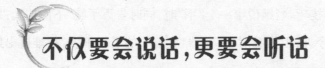

不仅要会说话,更要会听话

如果你先当好了一个合格的倾听者,你就很容易和对方保持一致,进而不动声色地推进自己的目标而得到对方的有力支持。

说话,通常不是说给自己听,而是说给别人听。所以,不能光顾自己说话,不顾别人的感受。如果不听别人的反馈,不给别人说话的机会,那么即使你说再好听的话也是废话。

约翰和麦克是邻居，两家的花园连在一起，中间只象征性地隔了一道篱笆，而且篱笆非常简易，麦克家的狗可以从那里钻来钻去，这只活泼可爱的小狗有个陋习，那就是经常钻过篱笆，到约翰家的花园里方便。对此，约翰太太有些不高兴，整天清理这些东西，既脏又累。于是，她决定与麦克太太谈谈，让他们管好自己的小狗。

约翰太太来到了麦克家，这时，麦克太太正坐在藤椅上，一个人生闷气。原来，麦克先生昨天忘记了她的生日，没有给她买礼物，而今天早上也没有为此事向她道歉。女人都是小心眼儿的，难怪她生气。这让约翰太太很尴尬，她坐下来，决定陪这位邻居谈谈天。

女人在一起有很多的话可说，而麦克太太又在气头上，更是有千言万语想向人倾诉。她不住地抱怨自己的丈夫如何粗心，如何忽视她的存在，自己的孩子又如何调皮，如何不听管教，以及生活中其他的烦琐小事。而在整个过程中，约翰太太始终微笑着听她诉说，从没有打断她的话，更没有提起自己来此的目的，渐渐地，麦克太太心情舒畅了，两位太太决定一起到花园里散步。

当她们来到约翰家的花园里时，小狗正好在方便，麦克太太非常尴尬，连忙道歉，并叫出了自己的小狗。约翰太太先安慰她说不要紧，并请她以后看好自己的小狗。麦克太太当即保证，以后再不会有这样的事情发生。

在这个例子中，约翰太太就是通过聆听的方式，表示了对对方的关注，从而获得了对方的好感，在此好感的基础上，她不失时机地提出了自己的要求，麦克太太自然会很爽快地接受。并且，自此之后，两家的关系更要好了，两位太太也经常在一起谈心，成为了亲密的朋友。

试想，如果约翰太太一到麦克家，就直截了当地提出自己的要求，势必会让麦克太太心里更不高兴。麦克太太可能会嘴上答应着，实际上却睁只眼闭只眼的，不会对自己的小狗严格管束，并且，两家的关系也会因此受到

幸福女人给自己的 11 个礼物

影响。对约翰太太来说，这实在是得不偿失的。而通过聆听的方式，约翰太太不仅达到了目的，还获得了邻居的好感，实在是一举两得的好事。

我们要多从一个人的言行举止等方面观察他的性格。要想征服一个人，必须先了解一个人，只有了解了他，才能够说出他爱听的话。其实了解一个人有很多途径，可以先通过熟知他的人了解一下他的性格特征，或者通过自己的观察来了解他。总之，只有先仔细地了解一个人，才能够做到见到什么人说什么话，在什么场合说什么话。

那么，从哪里入手去了解对方的基本情况呢？对方不可能有意识地自我介绍，但是从他的只言片语中也可以得出一个初步的判断。例如，某人谈到他刚刚换了工作，离开了原来那家已经工作了很多年的单位，如果他在谈起这件事情时对原单位没有丝毫的留恋，我们就可以知道他与原单位之间可能产生过不愉快，那么在与他的交谈中，我们当然就不能询问有关换工作的原因了。总之，我们在交谈的初期，要做个特别有心的人，避免触犯他人的忌讳。如果你先当好了一个合格的倾听者，你就很容易和对方保持一致，进而不动声色地推进自己的目标而得到对方的有力支持。

第 10 个礼物

自 信

女人幸福的心态优势

　　自信的女人热爱生活、热爱事业、沉稳干练、思维敏捷、内心丰富、高贵典雅、沉着大方，个性充满无限魅力，她们的脸上永远透着自信的光芒，自信的女人活得最精彩！如果没有自信，就算外表很美，也失去了她应有的动人心魄的一面，就此黯淡起来。

　　所以，自信对于女人是很重要的一种品性，如果你想做个幸福女人，那么，请昂起你自信的头颅吧，让自信的微笑时常挂在你的嘴角，相信无论何时何地，你都会成为最幸福的女人！

自我暗示，会让女人创造出奇迹

要经常给自己心理暗示，对自己说"我很棒"、"我能行"、"我可以"、"这个困难我能克服"，会让你一直保持美好的心境。

女人的美丽有多种多样的体现，有人有学识，有人有能力，有人有气质，但最美的却是自信的女人。自信的女人不会老是盯着别人的优点，羡慕不已，她们相信自己有着比别人更优秀的方面。

从现在开始，彻底抛弃那些"我不行"、"我办不到"、"我总是不如××"的想法，出门前看着镜子，作个深呼吸，试着大声地对自己说："你真棒！"你会发现自己信心倍增，不但走在路上会有"我比别人都好"的感觉，做起事情来也比平时更有干劲儿。

这就是自我暗示的力量，有时会让你创造出奇迹来。要经常给自己心理暗示，对自己说"我很棒"、"我能行"、"我可以"、"这个困难我能克服"，会让你一直保持美好的心境。暗示的力量是无穷的，只要你能够正确运用它，它就会为你的人生带来幸福和快乐。

一个刚刚出道的歌手，接到了有关方面的通知，邀请她参加某次大型演唱会而事先进行试唱。在这之前，她曾经接到过类似的通知，但是她去试唱了 3 次，结果都是因为她紧张，3 次均被淘汰。尽管她的嗓音很出众，演唱水平不俗，长相也很好，但她总是担心等到她演唱时，评委会给她亮出最低分。因为她总是担心评委们不喜欢她，虽然自己尽力演唱，但是她总是有这种心理，于是她每次参加试唱的时候就心情焦虑，不知道如何是好。她的潜意识接受了这种消极的自我暗示，并对她的试唱产生了致命的影响，使她屡次遭受挫败。

后来，她听从朋友的意见，来到一家心理诊所接受治疗。在医师的建议下，她开始运用自我暗示的方法，向恐惧感发起攻击。她把自己关在一个房间里，走到一个带扶手的椅子上，尽量放松心情，让自己的全身都感到很舒适，并慢慢地闭上双眼，均匀地呼吸，逐渐驱走脑中的杂念。这样，她的意识性思维变得驯服了，易于接受自我暗示。她对自己说："其实，我唱得很好，我很有实力。我可以做到心平气和，非常自信。"按照医生的建议，她每天都重复做这样的练习。一周以后，她就像变了一个人似的，她不再那么焦虑和恐惧，而是沉着和冷静。她不仅在以后的试唱中通过了评委的审查，而且演唱水平也大幅度提高。

还有一个例子，一个已经 75 岁高龄的老妇人，总是对自己和他人说："我的记性越来越糟糕了。"这样过了不久，原本记忆力还不错的她，真的开始"糊涂"了，别人刚刚和她说过的事情，她马上就忘记了。当别人提醒她这件事情刚刚和她说过后，她就会感叹"哎呀，我的记性真的是越来越糟糕了"。她的女儿发现了母亲的这一病态，就把她带到了心理医生那里，接受心理治疗。医生告诉她，只要你每天数次对自己说"其实我的记忆力很好。只要我愿意的话，我可以记住任何事物——他们在我大脑中的痕迹，一天比一天清晰。当我回忆起他们时，他们的痕迹便会生动地呈现出来，就像刚刚发生过的一样。"3 周以后，这个老妇人的记忆力恢复了正常。

还有个女孩子，平时总是爱发脾气，猜疑心重，家里人都很怕和她说话，稍不留心，可能就会惹来麻烦。这个女孩子很苦恼，她也知道爱发脾气、猜疑心重不是好事，但是每次她都控制不住自己，事情过后又后悔。后来她接受了心理医生的建议，经常对自己说："我的脾气其实很好。我每天都充满了快乐，我和我的家人相处得很好，我很爱他们，他们也喜欢我。我关心他们，体贴他们，我身边的人都因为我的存在而感到幸福快乐。我良好的修养和高雅的气质，深深地感染了他们。"一个月以后，奇迹终于出现了，她成了一个气质优雅、活泼热情的好姑娘。

人究竟有多大的潜能？开发的极限是什么？谁都无法回答。其实，我们每一个人都可以活得比现在卓越，因为我们并没有达到自己的人生极限。

培养自己这种习惯：保持最好的自我，成为你最想成为的"那个你"。尤其要记住自己受人赞美的地方，那就是真实的你，使之成为指导你一生的参照物——最好的自我形象。你会发现重新调整感觉的做法将会像磁石一样吸引你，当你设想使自己达到了目标时，你会感觉到这块磁石的力量。

如果你以不同的方式思想，会有不同的感受和行为，这全在于你如何控制自己的思想。正像诗人约翰·米尔顿写的："心灵可以把天堂变成地狱，也可以把地狱变成天堂。"

接受自己是走向成功的关键性一步

当女人自身能正视自己，坦然接受自己的一切，敢于大大方方地把真实的自己展现在别人面前时，别人就会被你的达观热情感染，快乐地接受你！

一位很有名望的牧师做了一场精彩的演讲，他强调：每个人都是上帝眷顾的宝贝，每个人都是从天而降的天使。活在这个世界上，每个人都要用好上帝给予的独特恩赐,去发挥自己最大的能力。

听众当中有个女人觉得这句话简直就是笑话,站起身来,指着令自己不满意的扁塌鼻子,说道:"如果我也是从天而降的天使,那么请问,有长这样鼻子的天使吗?"

一个长着短腿的女人也随声附和,认为天使绝不可能长这样的短腿。

牧师微笑着回答:"上帝的创造是完美的,而你们也确实是从天而降的天使,只不过……"他指着第一个女人说,"你降到地上时,让鼻子先着地罢了。"接着她又指向另一个女人,"而你的腿先着了地,却在从天降落的过程中,忘了打开降落伞。"

人的一生总有一些不尽如人意之处,每个人都会有这样那样的缺憾,或容貌、或家庭、或职业等等,如果女人不能接受自己不能改变的现实,就会被缺憾所缠绕,终日烦恼不堪。但是,女人如果能够坦然接受,能够勇敢地去面对,生活就会是另外的样子。

凯斯·黛莉从小时候起就有一个不为人知的梦想:她想成为像芭芭拉·史翠珊那样有名的歌手。黛莉从未向人透露过这个梦想。她只是在没有人的时候放开嗓子歌唱。原因其实很简单:她长着一张难看的阔嘴和一口奇怪的暴牙。

黛莉一直对自己的暴牙耿耿于怀。到高中毕业聚会时,因为每个人都得表演节目,她便选择了唱歌。她穿着母亲的白色小礼服,紧张地站在舞台中央。音乐响起,她开始唱歌。她一直很在意自己的牙齿,为了使它不影响自己的魅力,她一直想办法把上唇向下撇,以此来掩饰她暴出的门牙。像这样唱歌当然十分别扭,她唱得心不在焉,声音变得扭扭捏捏,甚至连好几段歌词都给忘到了脑后。

同学们看到她奇怪的样子,忍不住哄堂大笑。这是黛莉第一次公开演唱,却得到这种结果,她沮丧万分。

这时，音乐老师史密斯夫人来到她身旁，很诚恳地说："凯斯，其实你的嗓子很棒，完全可以唱得更好。但你唱歌时，好像在试图掩饰什么。你不太喜欢自己那口牙齿吧。"

黛莉被说中了心事，羞得满脸通红。

史密斯夫人又直率地说："这又有什么关系呢？暴牙并不是什么罪过，你为什么要拼命地掩饰呢？张开你的嘴巴吧。只要你自己不引以为耻，观众也一定会喜欢你的。说不定，这口牙齿还能给你带来好运气呢！"黛莉接受了老师的建议。她开始大胆地在各种公共场合演唱。她不再去想自己的暴牙，只是张开嘴，尽情地放声歌唱。几年后，黛莉成了顶尖的歌星，有很多人还想刻意模仿她呢！

在我们的人生里有无数的困难、障碍，但只要你能愉快地坦然接受自己时，你就能够勇敢地、愉快地面对任何局面了。

当16岁的索菲亚·罗兰刚刚迈入电影业大门时，并没有引起人们的注意。相反，很多摄影师都对她提出了否定看法：鼻子太长，臀部太发达，无法把她拍得美丽动人。在众人的一致反对声中，导演不得不与索菲亚·罗兰商量弥补缺陷的办法。

一天导演把索菲亚·罗兰叫到办公室，以不容分辩的口气对她说："我刚才同摄影师开了个会，他们说的结果全一样，那就是关于你的鼻子，你如果要在电影界做一番事业，那你的鼻子就要考虑做一番变动，还有你的臀部也该考虑削减一些。"

也许换了别人，面对这一打击，早就因此而自卑得不再上镜了，而索菲亚·罗兰却认为自己的长相是无可厚非的。她对导演说道："我当然知道我的外形跟已经成名的那些女演员很不一样。她们都相貌出众，五官端正，而我却不是这样。我的脸毛病太多，但这些毛病加在一起反而会更具魅力！如果我的鼻子上有一个肿块，我会毫不犹豫就把它除掉。但是，说我的鼻子太长，那是毫无道理的。鼻子是脸的主要部分，它使脸有特点。我喜欢我的鼻子和脸本来的样子。我的脸的确与众不同，但是我为什么非要长得和别人一样呢？至于我的臀部，不可否认，我的臀部确实有点发达，但那也是我的一部分。我为自己感到自豪，我什么也不愿改变。"

导演被她这异乎寻常的表现感染了，从这以后，他再也没有提及她的鼻子和臀部。后来，索菲亚·罗兰取得了人所共知的成就，成为世界超级女影星。

平凡的女人存在于世间的每个角落，许多女人身上或多或少地存在着一些缺陷。大多数时候，女人害怕因为自己的缺陷而遭到他人的讽刺和嘲笑，所以费尽心思，想将它们掩盖起来。没想到，这样遮遮掩掩，反而起到欲盖弥彰的作用。

其实，只要女人自身能正视自己，坦然接受自己的一切，敢于大大方方地把真实的自己展现在别人面前时，别人就会被你的达观热情感染，快乐地接受你！所以说，接受自己是走向成功自信的关键性一步。

热爱自己是自信人生的起点

热爱自己，是源于对生命本身的崇尚和珍重，她可以让我们的生命更为丰满、更为健全，让我们的灵魂更为自由、更为豁达，让我们成为自己精神家园的主人！

要想做个自信女人，你就一定要学会爱自己，精心经营自己的美丽，储藏自己的精力,关爱自己的健康,呵护自己的心灵,使自己无论何时何地,遇到何事何物都能淡定从容。

随着年龄的渐长,你就会明了女人生命中最重要的一条法则:在自信、自强之前,先要自爱。女人在爱别人之前应先学会爱自己,学会尊重自己,学会尊重感情!

热爱自己,有太多的理由,也有太多的方式,可惜没有一个课本列出详细的课程来教女人如何爱自己。每当看到那些因爱而伤痕累累的故事时,一种痛惜的心情不禁油然而生。女人应该学好这样一课:在爱别人之前,要先学会爱自己,学会怎样保护自己,怎样让自己活得精彩,不成为别人生活的附庸。

"我很不快乐。"一位年轻女孩的声音。"为什么呢?""我总觉得自己不如别人,做事总做得不够好。""你能说说是哪些事吗?""比如这星期有门课程的论文我写了,但担心自己写得不好。老师要求课堂上进行答辩,我非常紧张,觉得自己答得一团糟,但是,班上的同学却觉得我回答得还挺不错,虽然这样,但我仍觉得很沮丧。"

生活中,跟这个女孩一样,因对自己不满而陷入痛苦的现象太常见了。每每这时,我们就应该好好反思这样一个问题:我们懂得爱自己吗?

26岁的年轻护士汪美琪失恋后变成了一个泄气的皮球。她说,我是一只折断翅膀的丑小鸭,整个世界都把我抛弃了。可是,她忘了,这个失恋的汪美琪是天下独一无二的汪美琪。如果她学会喜欢自己,爱自己,她就不会这样伤心了。

美丽的汪美琪终于学会了自省,晚上躺在床上对自己说:"我这是怎么了?为什么要这样虐待自己?从前处世干练的我哪里去了?为什么自己就不能走出这段伤情呢?仔细想想,我没有什么不对。是他不对,是他玩弄了我的感情。应该难过的是他而不是我。那我究竟是为了什么呢?"经过几夜的反省,汪美琪终于找到了问题的症结:自尊,狭隘的自尊。原来,从小众星捧月的她从未受过别人的冷漠,她的痛苦归根结底不是为了失去的那个男人而是为了自己狭隘的自尊。于是,她对自己说,现在我明白了,那样的自尊不能要,它不过是虚荣的幻影,一个坚实的自尊来自于真正的自爱。我爱自己,还有什么可以自惭形秽的呢。就这样,否定了自己的虚荣,汪美琪不再痛苦了,她很快走出了失恋的伤情,坦然地接受了成熟的庆典。

我们仔细想想,一个不懂得爱自己的人,会真正懂得去爱他人、爱这个世界吗?

回顾一下我们所受到的教育:从我们儿时起,家庭、学校的教育要求我们学会爱祖国、爱党、爱人民、爱父母、爱同学、爱朋友……我们逐渐知道,作为一个社会的人,应该学会爱这个世界,甚至面对敌人时,也应该努力用宽厚的爱去感化那冷漠仇恨的心。但我们却唯独遗漏了那个最重要的角色——我们自己。

假如,在人生的早期没有人教我们这一课,那么,我们现在就要及时为自己补上这一课:学会爱我们自己。

英国作家毛姆说,自尊、自爱是一种美德,是促使一个人不断向上发展的一种原动力。痛苦与磨难是生命必经的历程,你只能靠你自己;最孤独的时候不会有谁来陪伴你,最伤心的时候也没有人来呵护你,只有你自己;经历一些必经的经历,只有靠自己;跨越一些生命中必然要遇到的难题和障碍,也只有你自己。

然而,许多女人都在迷惘、困惑的路上迷失了自己,不知道该往哪个方向走,不知道怎样为自己找到一条充满阳光的大道,那种无助的眼神、悲凉的心情让我们感慨不已。其实每个人活着都不完全是为了自己,我们还有亲人、朋友,所以在感到迷茫、在对生活失去信心、对未来失去勇气之时,我们还要想想身边的亲人与朋友,这些关切的目光告诉我们:要坚强地学会爱自己。

因此，你没有理由不好好爱自己，应该学会在失败时给自己打气。为了父母、朋友和兄弟姐妹，你也要学会好好爱自己，因为爱自己就等于爱那些疼你、关心你的亲人和朋友。

所以，亲爱的，在我们走出去影响世界之前，让我们首先爱上这个虽不尽完美但依然优秀的自己。

只有首先学会热爱自己，你才会真正懂得爱这个世界。

学会热爱自己，不是让我们自我姑息、自我放纵，而是让我们学会勤于律己和矫正自己。我们拥有的关怀和爱抚随时都有失去的可能，我们必须学会为自己修枝剪叶、浇水施肥，使自己不会沉沦为一棵枯荣随风的草。

学会热爱自己，是让我们在寂寞难耐、孤独无助、困苦无援的时候，在必须独自穿行于凄风苦雨的长巷的时候，在没有人与我们共同承担人生磨难的时候，学会自己给自己一个坚定的笑容，自己给自己送一朵娇艳的花，自己给自己一颗柔韧的心灵。

学会热爱自己，就是要让自己时刻保持对自我的充分信任，用时不我待的激情去挑战生活、挑战未来。

在属于自己的生命交响乐中
演奏自己的小乐器

你应该为自己是这个世界上全新的个体而庆幸，应该充分利用自然赋予你的一切。你只能唱自己的歌，只能画自己的画，只能做一个由自己的经验、环境和家庭所造成的你。

充满自信地在他人面前展现一个本色的自我吧，不必为讨好他人而刻意改变自己，尽力成就真实的自我，用你的坦诚赢得他人的坦诚，以自信的步伐行进在人生的路上。

"如何保持自己的本色，这一问题像历史一样古老，"詹姆斯·季尔基博士说，"也像人生一样的普遍。"不愿意保持自己的本色，包含了许多精神、心理方面潜在的原因。安古尔·派克在儿童教育领域曾经写过数本书和数以千计的文章。他认为："没有比总想模仿其他人，或者做除自己愿望以外的其他事情的人更痛苦的了。"

美国索凡石油公司人事部主任保罗曾经与 6 万多个求职者面谈过，并且曾出版过一本名为《求职的六种方法》。他说："求职者最容易犯的错误就是不能保持本色，不以自己的本来面目示人。他们不能完全坦诚地对人，而是给出一些自以为你想要的回答。"可是，这种做法毫无裨益，没有人愿意聘请一个伪君子，就像没有人愿意收假钞票一样。

著名女心理学家玛丽曾谈到那些从未发现自己的人。在她看来，普通人仅仅发挥了自己 10% 的潜能。她写道："与我们可以达到的程度相比，我们只能算是活了一半，对我们身心两方面的能力来说，我们只使用了很小一部分。也就是说，人只活在自己体内有限空间的一小部分里，人具有各种各样的能力，却不懂得如何去加以利用。"

你我都有这样的潜力，因此不该再浪费任何一秒钟。你是这个世界上一个全新的东西，以前从未有过，从开天辟地一直到今天，没有任何人和你完全一样，也绝不可能再有一个人完完全全和你一样。遗传学揭示了这样一个秘密，你之所以成为你，是你父亲的 23 个染色体和你母亲的 23 个染色体在一起相互作用的结果，46 个染色体加在一起决定你的遗传基因。"每一个染色体里，"据研究遗传学的教授说，"可能有几十个到几百个遗传因子——在某些情况下，一个遗传因子都能改变一个人的一生。"毫无疑问，我们就是这样"既可怕又奇妙地"被创造出来的。

也许你的母亲和父亲注定相遇并且结婚，但是生下孩子正好是你的机会，也是 30 亿分之一，也就是即使你有 30 亿个兄弟姐妹，他们也可能与你完全不同，这是推测吗？不是，这是科学事实。

你应该为自己是这个世界上全新的个体而庆幸，应该充分利用自然赋予你的一切。从某种意义上说，所有的艺术都带有一些自传体性质。你只能唱自己的歌；只能画自己的画；只能做一个由自己的经验、环境和家庭所造成的你。无论好坏，都得自己创造一个属于自己的小花园；无论好坏，都得在属于你生命的交响乐中演奏自己的小乐器。

千万不要模仿他人，让我们找回自己，保持本色。

用适合自己的尺度判断自己

不要无端地拿他人的标准来衡量自己，因为你不是他人。只要你了解这个简单、明显的道理，接受它，相信它，你的自卑感就会消失得无影无踪。

至少有 95% 的女人，其生活多少要受到自卑感的干扰。自卑感之所以会影响我们的生活，并不是由于我们在技术上或知识上的不如意，而是由于我们有不如人的感觉。不如人的感觉产生的原因只有一种：我们不是用适合自己的尺度来判断自己，而是用某些人的标准来衡量自己。如果这样做，毫无疑问地，只会带来次人一等的感觉。

比如说，你知道你的乒乓球水平比不上张怡宁，唱歌水平比不上毛阿敏,但你不应因为比不上她们而产生自卑感,使你的人生黯淡无光,也不该只因为某些事情无法做得像她们那样,而觉得自己是块废料。就算你是一个打乒乓球不行的人,或唱歌不行的人,这并不是说你是个"不行的人"。张怡宁和毛阿敏没办法替人动外科手术,她们是"手术不行的人",但这并不意味着她们是"不行的人"。行不行,这全部决定于用什么标准来衡量自己,拿什么人的标准来衡量自己。

事实上,世界上没有两个完全相同的树叶,也没有两个完全相同的人,你没有必要拿别人的优秀来夸大自己的不足。你应该认识到:你不"卑下",也不"优越",你只是"你"。

你身为一个个体的人,不必与别人比较高下,因为地球上没有人和你一样。你是一个人,你是独一无二的,你不"像"任何一个人,也无法变得"像"某一个人,没有人"要"你去像某一个人,也没有人"要"某一个人来像你。

大家都知道,著名作家三毛的自杀为读者留下痛苦,也留下问号。是《滚滚红尘》的失败使她自杀?不,《滚滚红尘》的失败只是她自杀的导火线,其实在她的心中,早就因自卑萌发了自杀的念头。

少年时代的三毛因沉湎于"闲书"而不能自拔,初二第一次月考,她四门功课不及格,数学更是常得零分。初中二年级第二学期,因为怕留级,她决心暂不看闲书,跟每位老师都合作,凡课都听,凡书就背,甚至数学习题也一道道死背下来,她的数学考试竟一连得了 6 个满分,引起了数学老师的怀疑,就拿初二第一学期的习题考她,她当然不会做。数学老师即用墨汁将她的两个眼睛画成两个零鸭蛋,并令她罚站和绕操场一周来羞辱她,严重地损伤了她的自尊心,回家后她饭也不吃,躺在床上蒙着被子大哭。第二天她痛苦地去上学,第三天她因害怕被嘲笑不敢进校门。

从那天起,三毛开始逃学,她不愿让父母知道,还是背着书包,每天按时离家,但是她去的不是学校,而是六犁公墓,静静地读自己喜欢的书,让这个世界上最使她感到安全的死人与自己做伴。从此,她把自己和外面的热闹世界分开,患了医学上所说的自闭症。

父母理解她,当他们了解真相后,即为她办了退学手续,自此,她"锁进都是书的墙壁……没年没月没儿童节",甚至不与姐弟说话,不与全家人共餐,因为他们成绩优异,而自己无能,她曾因此自卑地割腕自杀,幸而为父母所救。

作为作家,她当然很想超越自己,以再造一个撒哈拉时期的轰动,但是未能如愿。此后的教书生涯,讲演、座谈的记录则更平淡。她不甘寂寞抱病创作剧本《滚滚红尘》。只可惜当年,台湾电影金马奖评选提名,《滚滚红尘》获包括最佳编剧在内的 12 项提名,可以说大获全胜。可是,当她盛装赴会,准备接受荣誉时,8 项奖项中有"最佳影片奖",却偏偏没有"最佳编剧奖",她当场落泪。

青少年时代的遭遇,使三毛产生了很深的自卑感,在以往的日子里,她对自我价值的肯定,常常求证于他人。创作《滚滚红尘》是希望它能体现对自己的超越,但是,结果不仅没得奖,还受到报刊"草包编剧"、"外行编剧"的猛烈批评,她还能超越自我吗?身心俱疲的她深深怀疑了,自杀之念也因此萌生。

埋藏心底多年的自卑,就这样把作家三毛送到了另一个世界。可见,一个女人就算事业上再成功,如果她自己不自信,也是一生都不会幸福的。

但是,女人一旦开始自信,一旦把自卑扔出天空外,生活的天空就会变得五彩缤纷。

记住:不要无端地拿他人的标准来衡量自己,因为你不是他人。只要你了解这个简单、明显的道理,接受它,相信它,你的自卑感就会消失得无影无踪。

卡耐基的夫人曾说:"我们不能够改变一个人的为人——即使我们能

够，我们也不会这样做。我们所能做的只是帮助一个人，更有效地运用她所具有的天赋才能和任何优点。……我们不能把人们内心里所没有的资质给他们，但可使他们认识自身的资质，并鼓励他们去开发自己的资质。"

这番话体现出卡耐基夫人课程的精髓就是启示和希望人们肯定自我，视自己为一个有价值的人，并因为真正有了自信而达到自己所向往的目标。

取得成绩的时候，
不妨为自己庆贺一番

成功的信念需要有成就感来充实，当你取得了成就，做出了成绩，或朝着自己的目标不断有所进展的时候，千万别忘了给自己颁奖。

当你付出很多的努力，取得了一定成绩的时候，不妨为自己庆贺一番。这样做，会建立更多的自信。

许多每天从事推销的业务员都有这样的经验：如果早上起来，心情不佳，自忖无法应付即将面对的难缠的客户时，便会将成交率高的客户作为首先拜访的对象，待成交几笔交易，自信心培养充分以后，再去拜访其他较难缠的客户。这种方式不但可使心情由阴郁变开朗，还可以确保一天的业绩。

实际上，她们所需要的，正是一种能充实自信心的成就感。成功者善于爱护和不断地培育自己的自信心，她们懂得如何"给自己颁奖"。

一个不信任自己的女人，一个悲观处世的女人，一个只是把自己的成果当做侥幸的女人，不可能成为成功者。成功者同她们的态度是截然不同的。

成功女性在找到了自己的目标后，总是以强烈的进取精神千方百计地去创造条件，去实现目标，从而大大增加了自己成功的机会。即使遇到挫折，她们也会积极进行分析，调整自己的心态，去进行新一轮的努力。而当事情有了进展，她们往往能充分肯定自己的已有成就，并以此来增强自己前进的勇气。

人生来就需要得到鼓励和赞扬。许多人做出了成绩，往往期待着别人来赞许。其实光靠别人的赞许还是不够的，何况别人的赞许会受到各种外在条件的制约，难以符合你的实际情况或满足你真正的期盼。要保护自己的自信心和成功信念，不妨花些时间，恰当地给自己一些奖励。

有一位美国作家，他是靠着为报社写稿维持生活的。他给自己定了一个目标，每周必须完成两万字。达到了这一目标，就去附近的中国餐馆饱餐一顿作为奖赏；超过了这一目标，还可以安排自己去海滨度周末。于是，在唐人街和海滨的沙滩上，常常可以见到他自得其乐的身影。

英国畅销书作家劳伦斯·彼德曾经这样评价一些著名歌手：

为什么许多名噪一时的歌手最后以悲剧结束一生？究其原因，就是因为在舞台上他们永远需要观众的掌声来肯定自己。但是由于他们从来不曾听到过来自自己的掌声，所以一旦下台，进入自己的卧室时，便会备觉凄凉，觉得听众把自己抛弃了。

他的这一剖析，确实非常深刻，也值得深省。

只要有信心，一切不可能都会变为可能

> 困难就像坚冰，有进取心的人可以用热情融化它，没有进取心的人则会被它冻僵。所以，保持进取心，是女性战胜困难的热情之火。

人生的征途中，不可能不遇到困难。最能表现一个人的进取心的是勇于克服困难，战胜困难。然而，面对着困难，富有进取心的女性总是能够不断地将它克服。永远也不要消极地认定什么事情是不可能的，首先你要认为你能行，再去尝试，最后你会发现你确实能行。

美国广告界的工作狂亚·克罗尔是一个不畏惧困难的人，他的信条就是："困难是暂时的，只要努力，最终就能战胜它。"这种不畏困难所表现出来的进取精神，终于使他获得了巨大的成功。

做职业人如此，经营企业更是如此，日本"经营之神"松下幸之助也十分强调要把不可能变为可能。他说："一个人在面临困难的时候，逃避不是办法，只有鼓起勇气予以克服才是最重要的。在这种情况下，往往能够发挥出意想不到的智慧和潜力而获得良好的成果。"

由此，松下总结道："经营事业也好，做其他事情也好，只要抱着'这根本不可能办到'的想法，我想任何事情永远都不会成功。反之，碰到事情总是'应该可以办到，问题只是看自己如何去做而已'，这样想的话，很多困难的工作乍看似乎不大可能办到，结果却居然也做成功了。"世界上有不少事情都是因为个人的不懈努力才获得良好成果的。因此,每当你下决心做事情的时候,就应坚持变不可能为可能的信念。

生命需要锤炼才能饱满厚重

生命的天空总是色彩纷呈。面对不幸,面对潦倒,我们所要做的不是怨天尤人,自暴自弃,而应该是不断捕捉生存智慧,学会勇敢和坚强。

人生于世,遭遇凄风苦雨实属自然。没有始终波澜不惊的大海,也没有永远平坦的大道。纵使惊涛骇浪,纵使沟壑纵横,跨过去了,人生也就变得多彩而丰富。璞玉需要精心打磨才能晶莹光亮,生命也需要锤炼才能饱满厚重。

一位著名的厨师在听完女儿对生活的抱怨后,微笑着把女儿带进了厨房。他往 3 只同样大小的锅里倒进了一样多的水,然后将一根胡萝卜、一个鸡蛋和一把咖啡豆分别放进 3 只锅里,最后他把 3 只锅放到火力一样大的 3 个炉子上烧。

20 分钟后,在女儿的疑惑中,厨师将煮好的胡萝卜和鸡蛋放在了盘子里,将咖啡倒进了杯子。他指着盘子和杯子问女儿:"孩子,说说看,你见到了什么?"

"当然是胡萝卜、鸡蛋和咖啡了。"女儿莫名其妙地说。

厨师又让女儿感受一下这 3 样东西的变化,女儿虽然疑惑不解,但还是照做了。

女儿感受了 3 样东西的变化之后，厨师十分严肃地看着女儿说："你看见的这 3 样东西是在一样大的锅里、一样多的水里、一样大的火上，用一样多的时间煮过的。可它们的反应却迥然不同。胡萝卜生的时候是硬的，煮完后却变得那么软，甚至都快烂了；生鸡蛋是那样的脆弱，蛋壳一碰就会碎，可是煮过后连蛋白都变硬了；咖啡豆没煮之前也是很硬的，虽然煮了一会儿就变软了，但它的香气和味道却溶进水里变成了可口的咖啡。"

女儿听了父亲的话还是不知什么意思，一脸茫然地望着他。

厨师接着说："孩子，面对生活的煎熬，你是像胡萝卜那样变得软弱无力还是像鸡蛋那样变硬变强，抑或像一把咖啡豆，身受损而不断向四周散发出香气，用美好的感情感染周围所有的人。简而言之，你应该成为生活道路上的强者，让你自己和周围的一切变得更好、更漂亮、更有意义。"

一番话后，女儿明白了父亲的良苦用心，从此不再无谓地抱怨生活，而是坚强地面对一切。的确，生活有如一个大熔炉，经过烈火后有人变得软弱，有人变得坚强，有人虽熔化了但却千古流芳。你要做哪一种人呢？其实，上帝给谁的幸运都不会太多，面对不佳的际遇、一时的坎坷，大多数人都只会抱怨命运的不公、上帝的捉弄，却很少有人能正视自己，冷静地回观自我，问一问是否已经将自己磨炼成一块金子，一块熠熠生辉的足以让人一目了然的金子。

生命的天空总是色彩纷呈。面对不幸，面对潦倒，我们所要做的不是怨天尤人，自暴自弃，而应该是不断捕捉生存智慧，学会勇敢和坚强。要知道，上帝永远是公平的，等到有一天，你真正将自己打磨成一块熠熠生辉的金子时，任何人都掩不住你灿烂夺目的光辉。

消除灰色心理,创造一个
全新的自我

只有从自卑中解脱出来,才能正确认识自己,并会发挥出自己的真才实学。别让自卑淹没了你的闪光点,从自卑中超越自我,你会创造一个全新的自我。

女性常有一些心理缺点,如忌妒、猜疑、自卑、挫折感、以自我为中心等。

生活中,每个人都会与忌妒结缘,但却有轻重缓急之分。作为心灵误区深处的一点忌妒,常充当偷袭者的角色,不仅会让你自己受伤,同时也直接地伤害他人。

忌妒,从来都被看作是女性特有的情感和心灵特征。事实上,忌妒不是女性特有的,在男人的身上,忌妒也是存在的。然而,女性的忌妒确有不同于男性的特点,这就使得女性的忌妒给人留下特别突出的印象和特别深刻的反感。

女性忌妒表现得特别广泛,特别是日常生活中对同性的忌妒。有这样一个事例:李琼是一家大公司的高级雇员,两年前,她还是这家公司的普通员工,与一大群姐妹做着最下层的基础工作。那时,她与众姐妹平起平坐,大家情深意切,相互关心,相互爱护,生活可谓其乐融融。然而,她成为高级雇员后,却感到极其难过,因为大家都在疏远她,不愿与她亲近。不在大家庭中的李琼被姐妹们开除了友籍,开始有些姑娘借一些穿着打扮来讽刺她,不久这种讽刺升级为谣言和诋毁。

李琼就这样失去了立足之地,不得不换到另一家公司工作。在那儿,她又开始从基层做起,但她却不知这次自己的命运将会如何,不知是否会旧事重演。

这就是典型的女性间的忌妒。

忌妒是对才能、名誉或境遇比自己好的人心怀怨恨和不满。"德"、"才"、"财"和"貌"都是引起忌妒的导火索。忌妒是所有权的一种变形的感情。

人们常有一种"因为你有,我没有,我夺不过来的,就要让你也成不了事"的心态。在生活中,我们不难看出,像李琼这样的人就是因为超过了平起平坐的朋友,才落到那般田地的。

忌妒是一种心灵的病态表现,于己、于人、于社会都是有百害而无一利的。黑格尔说:"忌妒是平庸的情调对幸福的反感。"

忌妒就是平庸的产物。因为平庸之辈见到别人在事业上成功,便会意识到自己的无能和失败,两相比较,加之又不能正确地对待成功者和自己,很容易在内心深处引起反感。

于是,种种打击就扔到了对方的身上。忌妒者的目的就是一心想将别人否定掉。事实证明,忌妒不能使人成名,只能暴露出自己的低俗平庸。

忌妒心重的女性皆是狭隘自私、目光短浅之人。忌妒的要害是处处、事事只从自己的利益出发。因此,应将自己置于社会的大环境大范围中,用位置意识来调整自己,逐步建立培养出宽广的心胸、恢弘的气度。

有忌妒心的人,表面上争强,实际上只图虚名。因此,应以"成功在于自我"的胸怀作指导,埋头做自己的事,别把宝贵的时间浪费在忌妒他人上。

承认别人的长处、成功,虚心向别人学习。若能找到自己独特的才能,充满自信地走自己的路,大家各展其能,又何必去忌妒别人呢?

猜疑也是女性的另一大弱点。

一个女人一旦掉进猜疑的陷阱,必定处处神经过敏,整日捕风捉影,对他人失去信任,对自己也同样心生疑窦,这样会损害正常的人际关系,影响个人的身心健康。那么,在人际交往中一个女人应如何消除猜疑心理呢?首先,要加强个人道德情操和心理品质的修养,净化心灵,提高精神境界,拓宽胸怀,以此来增强对别人的信任度和排除不良心理的干扰。

猜疑一般总是从某一假想目标开始,最后又回到假想目标。只有摆脱错误思维方法的束缚,扩展思路,走出主观臆想的死胡同儿,才能促使猜疑之心在得不到自我证实和不能自圆其说的情况下自行消失。

猜疑往往是心灵闭锁者人为设置的心理屏障。只有敞开心扉,将心灵深处的猜测和疑虑公诸于众,或者面对面地与被猜疑者推心置腹地交谈,让深藏在心底的疑虑来个"曝光",增加心灵的透明度,才能求得彼此之间的了解沟通,增加相互信任,消除隔阂,排除误会,使自己的心灵获得最大限度的解放。

猜疑之火往往在"长舌人"的煽动下越烧越旺,甚至使人失去理智,酿成悲剧。因此,当人们听到"长舌人"传播流言时,千万要冷静,谨防上当受骗,必要时还可以当面给予揭露。

当我们开始猜疑某个人时,最好能先综合分析一下他平时的为人、经历,以及与自己多年共事交往的表现,这样会更有助于将错误的猜疑消灭在萌芽状态。

重新塑造自我,完善自我,经过一番努力认识与改造,你会发现一个崭新的自我。

自卑,是个人对自己的不正确认识,是一种自己瞧不起自己的消极心理。一些人在自卑心理的作用下,遇到困难、挫折时,往往会出现焦虑、泄气、失望、颓丧的情感反应。一个女人如果做了自卑的俘虏,不仅会影响身心健康,还会妨碍聪明才智和创造能力的发挥,使她觉得自己难有作为,生活没有意义。所以,增强自信心、克服自卑心理是一个重要的心理健康问题。怎样才能从自卑的束缚下解脱出来呢?

充分认识自己的能力、素质和心理特点,要有实事求是的态度,不夸大自己的缺点,也不抹杀自己的长处,这样才能确立恰当的追求目标。特别要注意对自身缺陷的弥补和优点的发扬,将自卑的压力变为发挥优势的动力,超越自我,从自卑中解脱出来。

要相信自己的能力,学会在各种活动中自我提示,我并非弱者,我并不比别人差,别人能做到的我经过努力也一定能做到。认准了的事就要坚持干下去,争取成功,而不断的成功又能使你看到自己的力量,逐步地变自卑为自信。

不要总认为别人看不起你而离群索居。你自己首先要瞧得起自己,别人也就不会轻易小看你。能不能从良好的人际关系中得到激励,关键还在自己。要有意识地在与周围人的交往中,多学习别人的长处,发挥自己的优点,多从群体活动中培养自己的能力,这样可预防因孤陋寡闻而产生的畏缩躲闪的自卑感。

有许多年轻女人总是这样想,世界上是有最好的东西,但是不是她们这一辈子所应享有的。她们认为,生活中的一切快乐都是留给一些命运的宠儿来享受的。有了这种心理后,当然就不会有出人头地的观念。许多家庭女性,本来可以做大事、立大业,实际上却做着小事,过着平庸的生活,原因就在于她们自暴自弃,她们没有远大的希望,不具有坚定的自信。

在社会上,在与大家的交往中,一个女人如果在表情和言行上时时显露出怯懦、卑微,不信任自己,不尊重自己,那么这种人自然也得不到别人的尊重。

许多女性会有自卑感,是因为在和别人比较以后,对自己产生了不满。自卑情结代表着深层的自我怀疑,而消除自卑情结最大的秘诀,就是将你的心里装满自信。只要对自己充满无可限量的信念，就能在你身上产生自信，你会发现你并不像自己想的那么不优秀。

自信与否主要依习惯性占据你内心的思想而决定。如果你一直怀疑自己，总想着失败，你的能力就会被制约，也就总会感觉要失败。但是如果你练习着心存信心，就会使自信心变成一个主控你的习惯，你就会有一种强烈的能量感，使你不管碰到什么困难都能一一克服。

坚定不移的信心能够移山，可是真正相信自己能移山的人并不多，结果，真正做到移山的人也不多。愚公相信自己能移山，最后他成功了，因为他的自信心感动了神灵。而那些不相信自己有这种能力的女人，最后只能做到她们所相信的程度——移不了山。人类所做的一切都是自己思想的产物，信心是激发一个人成功的原动力。所以我们应当有高标准，提高自信心，并且执著、认真地相信自己必能成功。

一个女人所想得到的成就，绝不会超出她自信所能达到的高度。小个子的拿破仑曾经在阿尔卑斯山上说"我比阿尔卑斯山还要高"。如果拿破仑在率领军队登山的时候，只是坐着说："这件事太困难了。"无疑，拿破仑的军队永远不会越过那座高山。所以，对于初入社会的年轻女性来说，无论做什么事，坚定不移的自信力、百折不挠的毅力，都是达到成功所必需的和最重要的因素。

病态的自卑感通常隐藏着对自我根深蒂固的怀疑心态。彻底祛除这种心态的秘诀，就是让坚决的信仰充满你的内心。这种做法虽然听起来并没有什么惊人之处，但是它的确能使你产生坚定的自信力量。

总之，作为一名白领，只有从自卑中解脱出来，才能正确认识自己，并会发挥出自己的真才实学。别让自卑淹没了你的闪光点，从自卑中超越自我，你会创造一个全新的自我。

第 个礼物

执 著

女人幸福的毅力优势

　　不要说山穷水复疑无路,心中有梦、执著追求梦想的人,定能看到柳暗花明又一村。

　　执著追求信念,是一个人走向成功的保证,也是一个人走出人生低谷与沼泽的保证。一个没有信念的人,就像一个在黑夜行走的人,手中没有手电筒和火把,摸不清东西南北、高坎低沟,是一定要跌跤和摔倒的。信念如同夜行人的手电筒和火把,可以照亮前行的路,找到回家的方向。

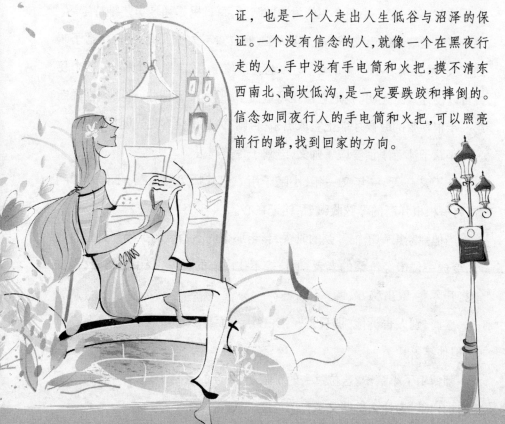

为自己点燃一盏希望之灯

成功女性会在心中为自己点燃一盏希望之灯,当她们感到失望和困惑时,便用它去照亮前方的道路,从而看到远方的光明,鼓舞自己坚定地走下去。

从前,有一老一小两个相依为命的瞎子,每日里靠弹琴卖艺维持生活。

一天老瞎子终于支撑不住,病倒了,他自知不久于人世,便把小瞎子叫到床头,紧紧拉着小瞎子的手,吃力地说:"孩子,我这里有个秘方,这个秘方可以使你重见光明。我把它藏在琴里面了,但你千万记住,你必须在弹断第一千根琴弦的时候才能把它取出来,否则,你是不会看见光明的。"

小瞎子流着眼泪答应了师父,老瞎子含笑离去。

一天又一天,一年又一年,小瞎子用心记着师父的遗嘱,不停地弹啊弹,将一根根弹断的琴弦收藏着,铭记在心。

当他弹断第一千根琴弦的时候,当年那个弱不禁风的少年已到垂暮之年,变成一位饱经沧桑的老者。他按捺不住内心的喜悦,双手颤抖着,慢慢地打开琴盒,取出秘方。

然而,别人告诉他,那只是一张白纸,上面什么都没有。泪水滴落在纸上,但他笑了。

师傅骗了小瞎子?这位过去的小瞎子、如今的老瞎子,拿着一张什么都没有的白纸,为什么反倒笑了?

就在拿出"秘方"的那一瞬间,他突然明白了师父的用心,虽然是一张白纸,但却是一个没有写字的秘方,一个难以窃取的秘方。他只有从小到老弹断 1000 根琴弦后,才能领悟这无字秘方的真谛。

那秘方是希望之光,是在漫漫无边的黑暗摸索与苦难煎熬中,师父为他点燃的一盏希望的灯。

倘若没有它,他或许早就会被黑暗吞没,或许早就已在苦难中倒下。就是因为有这么一盏希望的灯的支撑,他才坚持弹断了 1000 根琴弦。他渴望见到光明,并坚定不移地相信,黑暗不是永远,只要永不放弃努力,黑暗过去,就会是无限光明。

然而这样的过程是一个痛苦而漫长的积累过程,许多人没有成功便是因为耐不住寂寞和痛苦而半路退却了。

的确,积累的过程是枯燥乏味的,很容易让人心里厌烦,也正因如此,我们要在心中为自己点燃一盏希望之灯,当我们感到失望和困惑时,便用它去照亮前方的道路,从而看到远方的光明,鼓舞自己坚定地走下去。

天下没有克服不了的障碍,只要你能勇往直前,深信生命中的每件事情都能刺激你实现目标。

拥有成功的信念,才能在追求成功的道路上迈开大步

千里之行,始于足下。当你旅行的时候,当你要实现自己的梦想的时候,当你为你自己和你所关爱的人创造幸福生活的时候,最好的办法莫过于从脚下开始。

信念是人生获得成功的首要保证，只有拥有成功的信念，才能在追求成功的道路上迈开大步。女性朋友不要空想，不要怨天尤人，不要对这个世界牢骚满腹，要去实践、去行动。千万不要将眼光只盯着别人成功的结果，而更要注意别人成功的经过。所有成功学研究者都告诫我们，你应该在这个世界上找到适合你的位置，找到适合的人生坐标，找到让你发挥潜能的工作，找到你能够做得最好的工作，而不是你想做或是你能做的工作。那么，你就有可能获得成功。

曾经有一名就读于某有名高校的大学生，在学校时，她的学习成绩和能力是班上最优秀的，毕业时有多家公司愿意聘请她，而且待遇相当丰厚。但她的想法却是要走从政之路，好光宗耀祖。于是，她想方设法进了政府部门，开始从杂务做起，每天打开水、扫地。过了几天，她心理开始不平衡，我是高才生，怎么天天只做这些小事呢？于是她做事就不再认真不再投入，且心中颇有怨言，与周围的同事关系也不好，经常为一些小事与人争吵，给领导一个很不好的印象。结果这位大学生一直未被重用，始终是一个小秘书。这个时候她又开始后悔，再想去从事原来的计算机专业，但大学所学已经荒废了，而当年那些成绩和能力比她逊色的同班同学却在一些计算机公司担任了重要职位。所以，一个人的人生价值能否得到充分体现，关键在于她能否找准自己人生的立足点，找准自己在人生舞台上该扮演的适合自己的角色，无论主角抑或配角，这就是你想做的和能做的区别。

法国有一位著名的心理学家叫做伊尔·索尔芒，他调查了全世界的18个贫困的国家，得出的结论是：人类最大的敌人不是灾祸，不是瘟疫，不是令人憎恨的战争，人类最大的敌人就是自己——自己的懦弱、自己的虚荣、自己的恐惧。自己都不相信自己的时候，你就什么都完了！

所以，"相信自己"很重要。一个人相信自己，相信世界很美好的时候，他所见到的人都会很友善，世界也会美好。一个人不相信自己，怀疑一切的时候,他周围的人就都很狰狞,世界也一片黑暗。

"我优则人优"。所以,这个人虽然很蠢、很笨,但是他很憨厚;这个人慢条斯理,但是他有沧桑的经历;这个人毛手毛脚,但是他有青春的活泼;这个人很狡猾,但是他很聪明。

一个缺乏信心的人,就如同一根受了潮的火柴,是不可能擦亮希望的火光的。罗宾开讲习班的时候,经常会有人来问他:"我如何才能够培养出信心来?"罗宾的回答是:信心一次产生一点点。反复是培养信心的办法,因为通过确认而不断地向潜意识发送指令,你就会建立和培养起信心来。反复不断地发送到潜意识里面的任何想法,最终都会在潜意识里表演出来,而且反映在你生活的现实当中。信心一次建立一点点,直到有一天你拥有了信心;拥有的信心越大,它就变得越强。

信心是一种心理状态,可以通过自我暗示培养起来。如果通过反复不断地确认,你相信自己会得到自己想要的东西,然后传递到潜意识思维里面去,它就会带来这样的成功,因为它的主要任务就是要让你实现自己想得到的人生目标。它看不到任何障碍,也没有任何限制;它只做潜意识思维让它去做的事情。

信心可以移山,可改变历史的进程,可治疗伤痛,也可以创造财富。从直觉上看,我们感觉得到自己生活中存在的信心的力量,有很多种表达方法可以说明这一点:"对自己和自己所做的事情要有信心。"我肯定,一定有人告诉过你说:"坚持信心,要有信心,一切都会好起来的。"这样的人是在鼓励你用自己的一系列行动来坚持住。

现在就是做决定的时候了。你可以从这里开始你一生中最伟大的旅行之一,根本没有任何限制。知道自己应该做什么而又不去做,这是你对自己犯下的最大过错。有了优势而不去利用这个优势,也是人生的悲哀。

今天就是超越自己的那一天

明天永远都不会来,只有今天才是我们生命中最重要的一天;只有今天才是我们生命唯一可以把握的一天;只有今天才是我们唯一可以用来超越对手,超越自己的一天。

被动就是将命运交给别人安排,是消极等待机遇降临,一旦机遇不来,就束手无策,毫无办法。人生凡事都应主动,被动是不会有任何收获的。

例如,推销就是主动出击;做广告也是主动出击;竞选更是主动出击;市场导向的本质特性就是竞争,竞争的本质特性就是积极去争取主动权。

调查结果显示,决定一个人是否能成为成功者的最关键要素中,80%属于个人自我价值取向的"态度"类因素,如积极、努力、信心、恒心、决心、爱心、意志力等主观因素;13%属于后天自我修炼的"技巧"类因素,如各种能力;其余7%属于运气机遇、环境、时间、天赋、背景等所谓的客观因素。

能否成功,关键因素是你的主动精神。

人生最昂贵的代价之一就是凡事被动地等待明天。

"明日复明日,明日何其多,我生待明日,万事成蹉跎。"

明天永远都不会来,因为当它来临的时候已经是今天了。

只有今天才是我们生命中最重要的一天;只有今天才是我们生命唯一可以把握的一天;只有今天才是我们唯一可以用来超越对手、超越自己的一天。要把握今天,就只能主动积极地去行动。只有主动,才会让我们不断超越对手、超越自己。

有一个女孩从小被生父遗弃,长大成人后她的星路也充满坎坷,但是最终由于她一次又一次地主动出击,终于柳暗花明又一村。她就是滨崎步。

滨崎步出生于单亲家庭,对父亲毫无感情,因为滨崎步很小的时候就遭遇父亲恶意遗弃。

滨崎步的星途充满曲折,是典型的再出道偶像。在长达5年的时间里,这位少女歌手都不被人们所关注。

她在一次次失败后,又重新鼓足勇气,不惜以变换名字和形象等各种方式,期望吸引世人的注意,但结果都是徒劳无获。在经历了痛苦的失败再失败的打击后,她还是能够屡败屡战,一次次主动出击。终于她成功了,成为继安室奈美惠之后的又一个神话。

抛弃消极心态,享受灿烂人生

一定要谨记:任何事情都有坏的一面和好的一面,如果能从积极的方面看问题,那么就会有一个截然不同的结果,做起事来也就会更加得心应手。

幸与不幸其实只是心态上的问题。一般说来,感到幸福的女人,通常都以一种积极的心态来面对事物。反之,感到不幸的女人通常都抱着消极的态度。

一场大水冲垮了一个女人家的泥房子,家具和衣物也都被卷走了。洪水退去后,她坐在一堆木料上哭了起来:为什么我这么不幸?以后该住在哪儿呢?城里的表姐带了东西来看她,她又忍不住跟表姐哭诉了一番,没想到表姐非但没有安慰她,还斥责起她来:"有什么好伤心的?泥房子本来就不结实,你先租个房子住段时间,再盖间砖瓦房不就好了!再说你够幸运的了,幸好来的是洪水,不是地震,不然的话,你还有命吗?"

不幸的女人,从来只能看到自己的不幸,不问自己得到了什么,只看自己失去了多少,结果情况越来越糟糕,心情越来越低落。想打破这种"不幸"的咒语,要先扔掉心理的包袱,变得成熟稳定,像周围的人一样去承担自己的责任,投身到自己热爱的生活中去。不要总提醒自己遇到的不幸,要知道在这个世界上有很多人比你还不幸,只要能够抬头看到阳光就是幸运的,那些生活里的挫折比起一个人的人生它只不过是一个再小不过的插曲。痛苦与快乐的生活都是我们选择的,为什么要让自己沉溺在痛苦中呢?

人生难免会遇到各种各样的问题,总会遇到一些不称心、不如意的事,因此,一定要谨记:任何事情都有坏的一面和好的一面,如果能从积极的方面看问题,那么就会有一个截然不同的结果,做起事来也就会更加得心应手。

有一个少妇投河自尽,被正在河中划船的白胡子艄公救起。

艄公问:"你年纪轻轻,为何寻短见?"

"我结婚才两年,丈夫就遗弃了我,接着孩子又病死了。您说我活着还有什么乐趣?"

艄公听了沉吟少顷,说:"两年前,你是怎样过日子的?"少妇说:"那时我自由自在,无忧无虑呀!"

"那时你有丈夫和孩子吗?"

"没有。"

"那么你不过是被命运之船送回到两年前去。现在你又自由自在无忧无虑了。请上岸去吧。"

听到这番话,少妇恍如做了一个梦,她揉了揉眼睛,想了想,便离岸走了。从此,她没有再寻短见。少妇回心转意,是因为她从另一个角度看自己,从而看到一种生的曙光,感受到自由自在的力度。

凡事往好处想,就会觉得人生快乐无比。人生没有绝对的苦乐,只要凡事肯向好处想,自然能够转苦为乐、转难为易、转危为安。海伦·凯勒说:"面对阳光,你就会看不到阴影。"积极的心态,就是人心里的阳光!

"如果有个柠檬,就做柠檬水。"

这是一位聪明的教育家的做法,而傻子的做法正好相反。如果他发现生命给他的只是个柠檬,他就会沮丧,自暴自弃地说:"我完了,我的命运真悲惨,连一点发达的机会也没有,命中注定只有个柠檬。"然后,他就开始诅咒这个世界,一辈子让自己沉浸在自悲自怜当中,毫无作为。

但是,当聪明的人拿到一个柠檬的时候,他就会说:"从这件不幸的事情中,我可以学到什么呢?我怎样才能改变我的命运,把这个柠檬做成一杯柠檬水?"

换个角度看世界,你也许就能够把不幸变为幸福。

天底下没有绝对的好事和绝对的坏事,有的只是你如何选择面对事情的态度。如果你凡事皆抱着消极的心态来对待,那么就算让你中了一千万的彩金,也是坏事一桩。因为也许你害怕中了彩金之后,有人会觊觎你的钱财。

女人的一生总要经历或多或少的坎坷,没有波澜的人生也不足以称为丰富的人生,所以女人要抛弃消极的心态,享受阳光灿烂的人生。

把志向根植于现实的土壤中

对于有才华有目标的人,最重要的就是相信自己的本领。与失败者相比,成功者有时只是多了那么一点宏愿而已。

雄心是由不满而来,有了开始,便有了一种梦想,接着是坚持不懈地努力,把现状和梦想中间的鸿沟联系起来,确立可行的目标,积极行动起来。

成功的女性并不是空洞的梦想者,她们的志向是根植于现实的土壤之中的。她们的梦想使她们产生不满,因不满而刺激她们努力地奋斗以求成功。

对于有才华有目标的人,最重要的就是相信自己的本领。与失败者相比,成功者有时只是多了那么一点宏愿而已。

美国国际钢铁公司的创始人奈斯特·D.威耶和许多优秀而富有传奇色彩的企业家一样出身贫困、白手起家。15岁时,他辍学到一家无线电公司打杂,每天要工作12个小时,周薪却只有3美元。

一次,他经过一座桥时,收过桥费的老人借着暗淡的灯光,仔细端详着在寒风中衣着单薄、瑟瑟发抖的威耶,恻隐之心油然而生。

"你是说,你将来一定能挣到许多钱吗?"老人问。

"我决心要这么做。"威耶抬起头,两眼闪闪发光。

"有志者事竟成。好了,你可以免费过桥了。"

"不是免费,是记账。"威耶认真地说,"以后我要还你的!"

贫困会使人潦倒,但也会让强者奋进。威耶正是凭着一番创业的宏愿,在贫困中闯出了自己的事业。目标可以作为一种刺激,因为目标可以把你的现在和将来的区别摆在眼前。目标之于人,应当是一种挑战,催促他改进现有的状态。如果他只是空想着成就一番大事业,或是以为自己已经是一个成功者,那么,他便永无任何改进。

聪明的人,最初要画出路线来,照着路线从他现在的起跑线达到他想到达的终点,并在中途树立许多小目标。

对于最近的目标积极付出努力,因为这可以在比较短的时间内实现。达到这个小目标的时候,觉得有了进步,便感到很高兴,然后休息一会儿,又鼓起劲来前进。人生好像是爬山一样,你首先必须有一种到达山顶的强烈欲念。但是如果你只是想,只知不满于你现在是站在山谷中,你还是不会到达山顶的；你只是悠闲地望着山顶，或是想象着你已经到了那里，那你也绝对不能到达山顶的。你必须鼓起劲来，努力工作。

如果你只望着山顶，糊里糊涂地往上爬，不管前进路上的岩石，你也不会到达山顶，你必须迈好你眼前的每一步。你的目的地是山顶，山顶有时清楚，有时模糊，有时完全看不见，但是不管看见看不见，总可以是你的最后目标。你所要时时注意的是眼前的步骤——如何踩过石头，如何跳过溪流，如何绕过山脚，如何避免从绝壁滑下去。

愿望要有行动的决心来支撑

"唯有贯注于自己的工作才会产生希望。"希望和自信原属同一根源。只要将自己沉浸在工作中，一天也好，你的心底便会油然而生"只要切实去做，同样也做得到"的自信。

女性在追求成功的过程中，仅仅有良好的愿望，并不能给我们多大帮助，这无非是空中楼阁。无论要做成什么，都需要我们有明确的决心。有了这种决心，思想才会转化成行动。

生活中的一切，都离不开我们的决心。健康也好，财富也好，人际关系也好，都是先有决心才会实现。

临渊羡鱼，不如退而结网。也许再多的愿望，不如一个行动的决心，有了决心，就是迈出了生活的第一步。

大多数女性即使确立了目标，由于并不衷心渴望达成，所以也就缺乏达成的自信心。英国哲学家罗素曾经说过："一般人，往往认定自己办不成，凡事均不抱太大希望。"反过来说，因为不寄予希望，所以嘴上经常挂了这么一句"我做不到"而死了心。

然而，能否把精力集中到一个目标上，对成功女性来说极为重要。一旦有了自己的目标，就集中精力来完成，一直到实现为止，不要分心，不要沉湎于过去。精力集中的人，才可能把握机会，才可能为自己创造机会，从而最终走向成功。

不要让外界的事物影响自己的注意力。在完成目标之前，要能够心无旁骛，要紧紧盯住自己的目标，下定决心，持之以恒，直到最终完成，中途绝不放弃。

运用你的知识、智慧，制订一个可行的行动方案，把握自己的思想，最终，你就会培养出把全部身心投入实现目标中去的能力。把目标分解为短期目标、中期目标和长远目标，不至于遗忘、偏离最终的目标。

多为自己描绘一下你所希望的未来，把这种想象培养成为每天的习惯，它会有助于你的成功。不管你在哪一家公司上班，在工作上追求快速高效而始终认真如一，朝向目标奋勇迈进的人，总是占少数。大多数人往往只求投入一半心力，并不积极地全力投入。

放下心里的包袱，
每天给自己一个目标

很多时候打败自己的不是外部的环境，而是我们自己。所以，无论我们面对怎样的环境，面对多大的困难，都不能放弃自己的信念，放弃对生活的热爱。

聪明的女人应该勇敢地肩负起自己应该承担的责任，不要畏缩。只有肩负起自己的责任，用自己的精力和勇气认真地完成，当我们再次回过头来，我们才会发现自己的一生充实而又幸福。没有经历一定的磨炼和苦难，没有肩负起任何责任，这样虚度一生的人是乏味的、没有回忆的，这样的一生是最痛苦、最难熬过的。

人生就像背着一个空篓子走路，每走一步就要从这世界上捡一样东西放进去，这就是自己的责任和收获。当然，每一样东西放进去后，肩上的担子便会更加沉重。

曾经有个女人觉得生活的担子太重，她总埋怨生活的压力太大，并试图将生活的担子放下。可是，她依然觉得很累，甚至感到透不过气来。她听人说，山脚下有位哲人，能够给人智慧的指点。于是，她便去请教哲人。

哲人听完了她的故事，拿了一个空篓子给她，说："背起这个篓子，朝山顶爬去。你每走一步，必须捡起一个东西放进篓子里。等你到了山顶的时候，你自然会知道解救你自己的方法。去吧！去寻找你的答案吧……"

于是，女人开始了这段旅程，去寻找自己的答案！刚上道，女人精力充沛，一路上把自己认为最好的、最美的东西统统扔进篓子里。每次扔进一个，便觉得自己又拥有了一件世上最美丽的东西，她感到很充实、很快乐。于是，在欢笑嬉戏中走完了旅程的 1/3。

可是，篓子里的东西多了起来，也渐渐地重了起来。她开始感到肩上的担子压得沉了，而且越来越沉，越来越沉……但她很执著，坚信会一如既往地走完全程的！于是她不停鼓励着自己：马上就到了，已经不远了！

这第二个 1/3 的旅程确实是让她吃尽了苦头。她已经无暇顾及那些世界上最美丽、最惹人怜爱的东西了。为了不让沉重的篓子变得更重，她毅然放弃了这些，只是挑选了一些非常轻的和必不可少的东西放进篓子。她深知，这样的放弃是必要的。于是，她拖着沉重的步伐继续前行。

然而,无论她挑选多么轻的东西放入篓子,篓子的重量也丝毫不会减少,它只会加重,再加重,直到她无力承受。她被沉重的篓子压着,只能大口大口地喘气!

终于,她还是背起篓子,踏上了这最后 1/3 的路程。

她明白,此时路真的已经不远了。她挪着脚步,已经不在乎捡到的是什么,放进篓子的又是什么。她早已麻木于眼前的一切事物,不管是美丽的、是喜欢的、是需要的,还是轻巧的。她实在是无力去挑选它们了,只要是在她脚下,在她眼前,在她触手可及的地方,那么,她便捡起它,以作为她所走的最后一段旅程的验证品。

眼看着离目标越来越近,她双手向后托起篓子,来了个最后冲刺。终于,她碰到了哲人的手,她走完了全程,结束了这一场奋斗史!

哲人问:"现在,你知道答案了吗?"女人莞尔一笑说:"这次旅程好比我人生中的 3 个阶段。我的生活,不是平坦的,但在到达终点的那一刻,在回顾这 3 段旅程的那一刻,我比谁都自信,比谁都骄傲。因为,我有充实的生活,我活得精彩!所以,现在我又何必为怎样减轻这沉重而苦恼呢?"

是啊,故事中的旅程就好比我们人生中的 3 个阶段:青年时期、中年时期和老年时期。在青年,我们挑选了认为是最美好、最纯真的事物,就像每个人天真烂漫的童年一样,没有压力,没有负担,只是单纯地认为它美丽,便捡起它;在中年,我们挑选了我们认为是最实在、最需要的事物,正如成年人一样,有自己的责任,有自己的负担,时刻要为一家上下打点一切,时刻都要保持着理性的头脑;在老年,我们挑选了我们认为是可以轻易得到,却又往往被人忽视的事物,或许老人们历经沧桑之后,已经懂得,原来他们最重要的事物,是眼前不被人重视的事物。回顾一生,我们会发现,我们的生活充满了酸甜苦辣,我们的生活跌宕起伏,而我们的生活却不再是一片空白,不再是毫无意义!随着年龄的增长,我们必须要肩负起生活的责任。

也许，我们会感到生活的压力，也许，这一份份的压力会越来越重，但在每一份重量增加的同时，我们也会得到惊喜，得到安慰，或悲伤，或痛苦。人生都是忽喜忽悲，苦乐参半，跌宕起伏，但就是因为这样，人生才有意义。

很多时候打败自己的不是外部的环境，而是我们自己。所以，无论我们面对怎样的环境，面对多大的困难，都不能放弃自己的信念，放弃对生活的热爱。要放下心里的包袱，减少心中的埋怨，每天给自己一个目标，给自己一点信心。引爆生命潜能的导火索，激发生命激情的催化剂，我们将活得生机勃勃，激情澎湃。

敢于挑战自己，才能做成大事情

自己把自己说服了，是一种理智的胜利；自己被自己感动了，是一种心灵的升华；自己把自己征服了，是一种人生的成熟。

一个人只有具备了敢于挑战自己的素质，才能做成大事情。

在日本，有一个学业成绩优秀的青年去报考一家大公司，结果名落孙山。这位青年得知这一消息后，深感绝望，顿生轻生之念，幸亏抢救及时，自杀未遂。不久传来消息，他的考试成绩名列榜首，是统计考分时电脑出了差错，他被公司录用了，但很快又传来消息，说他又被公司解聘了，理由是一个人连如此小小的打击都承受不起，又怎么能在今后的岗位上建功立业呢？这个青年虽然在考分上击败了其他对手，可他没有打败自己心理上的敌人，他的心理敌人就是惧怕失败，对自己缺乏信心，遇事自己给自己制造心理上的紧张和压力。在追求成功的道路上，我们发现一部分人失败了，而另一部分人却成功了。这其中的主要原因是：前者是被自己打败，而后者却能打败自己。

一个人要挑战自己，靠的不是投机取巧，不是耍小聪明，靠的是信心。世界著名的游泳健将弗洛伦丝·查德威克，一次从卡得林那岛游向加利福尼亚海湾，在海水中泡了 16 个小时，只剩下一海里时，她看见前面大雾茫茫，潜意识发出了"何时才能游到彼岸"的信号，她顿时浑身困乏，失去了信心。于是她被拉上小艇休息，失去了一次创造新的纪录的机会。事后，弗洛伦丝·查德威克才知道，她已经快要登上成功的彼岸，阻碍她成功的不是大雾，而是她内心的疑惑。是她自己在大雾挡住视线之后，对创造新的纪录失去了信心，然后才被大雾所俘虏。过了两个多月，弗洛伦丝·查德威克又一次重游加利福尼亚海湾，游到最后，她不停地对自己说："离彼岸越来越近了！"潜意识发出了"我这次一定能打破纪录"的信号，她顿时浑身来劲，最后终于实现了目标。

人有了信心，就会产生意志力量。人与人之间，弱者与强者之间，成功与失败之间最大的差异就在于意志力量的差异。人一旦有了意志的力量，就能战胜自身的各种弱点。一个人有了信心，有了意志的力量，就具备了敢于挑战自己的素质，就能做成大事情。

用实际行动去追求理想是成功的关键

自强不息地追求自己的目标，不要害怕失败、困难或是批评，这样就能使你的潜能得到解放，使你登上成功的顶峰。

追求对我们来说是不容易的，它甚至会包含一切痛苦的自我考验。但无论要花费多少努力，它都是值得的，因为只要你朝着目标努力，你就能得到人生的成功。

你正在前往某地，而不是静止地站着，你现在的重任常常是通过你不熟悉的航道。为了成功地到达征途的终点，你需要面对许多考验。在你的前面可能有各种失望、苦难和危险。这些障碍就是你的航道上的暗礁和险滩，你必须绕过它们前进，以到达你的目的地。

人生失败的原因是你渴望某种事物却不采取切实的行动去争取它。对于梦想，你需要采取步骤去发现、去把握、去争取，甚至去创造！

用实际行动去追求理想是成功的关键。

观察一下那些从逆境中奋起的成功者，他们无一不是树立了远大的目标并且全力以赴去实现自己抱负的人。从他们决心将全部精力集中于一种特定目标的那一刻起，他们就开始排除万难，勇往直前，不懈追求。

英国作家爱德华·C.布尔沃·利顿写道："那些出类拔萃的人正是在生活的早期就清楚地辨明了自己的方向，并且始终如一地把他的能力对准这一目标的人。甚至天才本身也只不过是敏锐的观察力再辅之以执著的追求。每一位注意观察和具有坚韧不拔意志的人，都在不知不觉地成长为天才。"

目标的树立是生活成功的关键。实现目标最重要的一步就是追求，不懈地追求。在很多成功学大师看来："天才最突出的特点之一就是具有自强不息的动力。"那些成就卓著的人们有着不同的生活目的，然而，为了达到这些目的却采取了殊途同归的方式，那就是不懈地追求。你也许会认为，爱因斯坦或者毕加索式的人物是由于他们的天赋才赢得了"古怪"、"特异"和"任性"的权利。然而事实证明，正是掌握自己命运的意志才赋予他们尝试新事物的勇气和追求成功的不懈努力。

不去追求，任何伟大的理想都只是空谈。在这一点上，人和土地颇为相似。有时候，地下虽然蕴藏着金矿，而土地的主人对此却一无所知。你自叹无能的时间完全可以用来在你的活动中、在你的自身中寻金探宝。

成功女人的背后离不开"勤奋"二字

上帝是公平的，因为天道酬勤。只要我们的心灵没有荒芜，那片土地就一定有再绿的时候；只要我们手上还握着桨，我们就一定能够到达成功的波岸。

只有勤奋，才是我们最靠得住的伙伴；只有勤奋，才能为我们指明前进的方向，助我们直达成功的圣地。而抛弃了勤奋，再聪明的人也会败下阵来。一旦失败，自信心必然会受到打击。所以，要想自信还得勤奋。

世界上留存下来的辉煌业绩和杰出成就无一例外都得自于勤勉的工作，不管是文学作品还是艺术作品，不管是诗人还是艺术家。鲁迅说得很清楚："其实即使天才，在生下来的时候第一声啼哭，也和平常的儿童一样，绝不会就是一首好诗。""哪里有天才，我是把别人喝咖啡的工夫用在工作上。"

梅花香自苦寒来，宝剑锋从磨砺出。勤奋，能让丑小鸭变成白天鹅，能使智力平平的女人走向自信、走向成功卓越！勤奋，为我们构建了起飞的平台，助我们展翅翱翔，创造出自己的美好明天。勤奋，是一种美德，是一种成功者必备的素质。

一个成功女人的背后绝对离不开"勤奋"二字，无论她有多么好的资质。对知识必须踏实，好高骛远要不得，好吃懒做更要不得。只要我们不懈耕耘,成功的阳光一定不会错过你的枝头。上帝是公平的,因为天道酬勤。只要我们的心灵没有荒芜,那片土地就一定有再绿的时候;只要我们手上还握着桨,我们就一定能够到达成功的彼岸。

中国实力派歌手韩红最初是作为文艺兵被特招到部队的,谁知在电话机前一坐就是好几年。因为从小一直顺口唱歌唱习惯了,刚入伍那几年,工作之余总情不自禁地哼唱出声。可是,别人并不理解她:想唱歌到歌舞团唱去!通信女兵们耳朵累了半天,实在太需要休息。

在无数近似机械的日子里,她一样也没有荒废歌唱。没有钱买原音带,她就买空白带请别人给翻录。等把毛阿敏、苏芮的歌听得差不多了,她就把自己每月几块钱的津贴省下来,买了吉他与教材,三下两下她就能自如地弹拨出和谐的音符。偶然有幸摸到钢琴,1、2、3、3、2、1 地来回几次,她便在钢琴上奏出了流畅的曲子。在音乐方面,她的确有着过人的天赋。但歌舞团仍然不要她,她只好选择去歌厅唱。大奖赛也总拒绝她进入最后的决赛,一次、两次、三次。每每大哭之后,她都会认真在镜子里瞧瞧自己,但她无论如何看不出哪里有什么缺陷(除了胖点儿)。痛定思痛,她知道必须调整作战方针。她不再一根筋非要去考这个,赛那个,她开始不停地写啊写啊,把经历与挫折、失望与希望,统统都写进去,写成词,变成歌……

一年有 365 天,在如此这般走过了 10 个 365 天之后。有一天,央视《半边天》节目女主持人张越,坐进了歌厅。不经意地听着歌手们的演唱,突然觉得被拨动了某根神经,女主持抬头认真打量起了台上的歌手,这才看清了非常有实力的韩红,她正忘情于她的《雪域光芒》。"跑啊——挣脱你的绳索/找回渴望已久的自由/啊——"歌厅里竟有如此美妙的歌喉?见多识广的张越一时被震住了。也许还夹杂着点惺惺相惜,张越当即拍板作了决定。很快,韩红头一次作为嘉宾,与张越面对面,庄严地坐进了中央电视台的录播间。这是 1998 年发生的事。

若论学历,韩红还在上初二时就被挑选入伍。但有谁规定过只有课堂才是汲取知识的唯一场所?没有课堂,她就勤奋地自学。几年的工夫,她先考上中央音乐学院,隔几年后她又考入了解放军艺术学院。

走过了那些总是碰壁的日子,韩红迎来了扬眉吐气的生活。从1998年她的第一张专辑投入市场之后不到两年时间里,她就与毛阿敏、那英等歌坛数巨头齐名,成为中国人气最高的实力派女歌手。但你在她身上,见不到任何张狂的痕迹。她有个很好的解释:"人生如登山,而我只不过刚刚登到1/5处,接下来仍需要努力、努力、再努力!"

韩红的成功经历告诉我们:不管你是不是天才,不管你有没有天赋,勤奋都是成功不可或缺的重要因素。只有勤奋,才是我们最靠得住的伙伴。

正如有位名人所说:"成功与不成功之间只差别在一些小小的事情上,每天多做5分钟阅读,多思考一下,多努力一点,就能逐渐提高自己的能力,达到人生的巅峰。"

女人要想获得幸福,必须借助于勤奋的风帆。失去了勤奋,我们就失去了前进的动力。勤奋是我们从一无所有到名利双收的法宝,勤奋让一切变得如此简单,又如此美丽。

进取心是女性前进的无穷动力

进取心,是女性实现目标不可缺少的要素,它会使女性进步,使你受到注意,而且会给你带来不断成功的机会。

每一个成功女性都有着勇往直前、不满足于现状的进取心。可以说,她们没有对自己取得的成就沾沾自喜,大多数人都表示要继续努力。这就是一种进取心,是推动人们进行创造的动力。

当一个人具有不断进取的决心时,这种决心就会化作一股无穷的力量,这种力量是任何困难和挫折都阻挡不了的,凭着这股力量,她会不达目的绝不罢休。进取心,是女性实现目标不可缺少的要素,它会使女性进步,使你受到注意,而且会给你带来不断成功的机会。

女性有了强烈的进取心,就会不需要别人提醒而主动去做需要做的事情。

当女性在工作上一直致力于要求最佳表现时,就必须洞察每一种情况。在工作中必然会出现一些超乎寻常的事情,你必须投入一部分精力去完成这些较特别的工作,而这就意味着你在工作中已注入个人进取心的力量。

·进取心是一种极为难得的美德,它能驱使一个人在不被吩咐应该去做什么事之前,就能主动地去做应该做的事。

对于一个有进取心的女性来说,她即使屡遭失败但仍旧会十分努力。在她看来,只有能克服不可思议的障碍及巨大的失望的人才能获得巨大的成功。

哈罗德·雪曼写过一本书,名叫《如何反败为胜》。作者在书中列出 8 种进取精神:

只要我坚信自己正确,我绝不放弃;

我深信,只要我坚持到底,一切都会迎刃而解;

在逆境中我会充满勇气,绝不气馁;

我不允许任何人用恫吓或威胁使我放弃目标;

我会竭尽全力克服生理障碍与挫折;

我会一而再、再而三地努力做到我想做的事;

知道了成功的男人和女人都曾跟失败和逆境搏斗之后,我会获得新的信心与决心；

不论我面临什么样的障碍，我绝不向失望与绝望低头。

在争取成功的过程中，绝不应低估了进取心的重要性。进取心是为了战胜失望而必须培养的品质之一。

与其责怪命运，不如再上场一拼

如果你失败了，可能是你的修养或火候还不够的缘故，请继续努力吧！你要知道，世界上有无数人，一辈子浑浑噩噩，碌碌无为，她们对自己一直平庸的解释不外是"运气不好"。其实与其责怪命运，不如再上场一拼，不懈的努力终会创造辉煌的人生。

当我们观察成功女性的成功经历时，会发现她们的背景各不相同。那些大公司的经理、著名的科学家、政府高级官员以及各行业的知名人士有许多来自贫寒的家庭、偏僻的乡村。这些人现在都是社会上某方面的领导人物，她们都经历过艰难困苦的磨难。

把每一个失败女性拿来跟平凡女性以及成功女性相比，你会发现，她们各方面，包括年龄、能力、社会背景、国籍，以及任何一方面都很可能相同，只有一个例外，就是对遭遇失败后的反应不同。

失败女性跌倒时，就无法再爬起来，她只会躺在地上骂个没完。

平凡女性会跪在地上，准备伺机逃跑，以免再次受到打击。

但是，成功女性的反应跟她们不同，她被打倒时，会立即反弹起来，同时汲取这个宝贵的经验,立即往前冲刺。

千万不要把失败的责任推给你的命运,要仔细研究失败的实例。如果你失败了,那么继续学习吧,可能是你的修养或火候还不够的缘故。你要知道,世界上有无数人,一辈子浑浑噩噩,碌碌无为,她们对自己一直平庸的解释不外是"运气不好"。

命运坎坷、好运未到,这些人仍然像小孩那样幼稚与不成熟,她们只想得到别人的同情,简直没有一点主见,所以他们始终没有找到使她们变得更成功、更坚强的机会。

马上停止诅咒命运吧,因为诅咒命运的人永远得不到他想要的任何东西。那些跌倒了爬起来,掸掸身上尘土再上场一拼的人,才会在人生和事业中获得成功。

通向成功之路并非一帆风顺,有失才有得,有大失才能有大得,没有经历过失败考验的人,用不了多久就要走回头路。

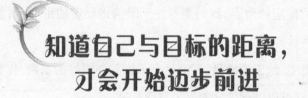

知道自己与目标的距离,才会开始迈步前进

要求自己上进的第一步,就是绝对不可停留在现有的位置。不满于现状的感觉可以帮助女性迈出达到目标的第一步。

伟业之成功,首先要解决好眼前的问题。有时彻底解决了一个问题,可以引出意外的结果。如果一个人对于他的目标幻想得太过度,而忘却了自己的实情,就会有一种错觉,觉得自己离目标又近了一些,这很容易造成他的自满情绪,而忘却眼前的工作。

在向目标前进的道路上,一种危险因素就是分心于其他的问题,而把眼前的问题疏忽了。年轻人的许多失败,就是因为把目前的工作看得太容易太简单,以为不值得用他全部的精力去干。

一个远大的目标不可能掩盖目前的需要。固然,一个人要晓得往何处去是重要的,但晓得自己与目标的距离也同样重要。必须有一种切实可行的计划,并按照计划从目前的工作开始迈步前进,以到达目的地。

至于前进的速度,要根据具体情况而确定。重要的问题是:女性们现在做的事,是否能帮助她们达到最后目的。许多成功女性从一种工作换到另一种工作,并不是像蝴蝶一样从一朵花飞到另一朵花。她们之所以换工作,是因为她们觉得走上了通向成功之路。成功女性的眼光是要看到一种情况发展的可能性,同时也要能看到一种情况的可变性。

一个目标应当作为一种指南,引导你决定是否要做某事,应当把精力用在何处,以及其他枝节问题发生时如何应付。目标是一种进行时的指南,不是一种最后固定的地点。我们要专注于眼前将要走的每一步,但也要注意我们的最终目标。

人类的愿望,始于不满足。不满足表示你需要更好的东西。你要注意这种标记,因为它可以催促你向着好的方面行进。

不可怨天尤人,不要把你的不幸归咎于别人或外界的环境,由此而宣泄你的不满。你应当让不满激发你,开拓一种广阔的人生成功道路。

作为高级动物的人,绝不能满足已取得的成就而停滞不前。动物有了适当的安全感和充足的粮食便满足了,但是人类的目标是要成就事业,创造更多更大的物质和精神财富,满足需求,推动人类社会的文明和发展。

有些人还有一种满足自我现状的方法,那便是把他们的遭遇归咎于不

256

幸的环境。埋怨自己是为外界的环境所束缚,实在是愚蠢极了,不满足现状应当使我们晓得错误是在我们自己,应当在某方面改变我们自己,而后才能有所成就。

真正的成功女性不怕承认自己的缺点。她们并不闲坐着回味自己的优点,她们希望朋友们来称赞,但不会因称赞而觉得自满。

成功女性不希望奉承,而只是以批评的态度检视自己,把她们现在的事业和她们志向的情况来比较。

"你要把现在的自己和将来你所欲成就的自己作一比较。"格斯特的这句话便是这个意思。格斯特是在报纸上写诗最多、受读者欢迎的一个诗人。他之所以成功,大半是因为他能常常专注于理想的自我,而不满足于现在的自我。